KB142111

동지현처럼

모든 여자들의 워너비가 되고 싶다면

동지현처럼

동지현 지음

내가 알고 있는 걸
당신도 알게 된다면

한 여자아이가 있었다. 좋아하는 것도, 하고 싶은 것도 많았지만 몸이 도통 따라주지 않아 집이나 병원에 있어야 하는 날이 많았다. 면역력도 낮은 데다가 피부도 약해서 늘 햇빛을 피해 다녀야 했고, 다쳐서 대일밴드라도 붙이면 바로 물집이 생겨 상처 아무는 날이 없었다. 게다가 천식에 알레르기 비염까지 달고 사느라 한밤중에 제대로 숨을 쉬지 못해 응급실에 실려 가는 일이 부지기수였다. 아이의 엄마는 공부고 뭐고 다 됐으니, 제발 건강하게만 자라 달라며 매일 밤 기도했다.

다들 짐작하셨겠지만, 이 비실비실한 여자아이가 바로 나, 동지현이다. 몸도 비리비리하고, 상처 자국도 많아 늘 피부를 가리고 다녀야 했던 내가 건강과 뷰티에 관해 책을 쓰게 되다니 다시 생각해도 참 감개무량하다. 역시 사람은 오래 살고 볼 일이다. 이제 와 생각해보면 어릴 때 부실한 몸과 피부를 어떻게 하면 건강하게 바꿀 수 있을까, 치열하게 고민한 덕분에 지금의 자리에 올 수 있었던 것 같다. 나에게 맞는 성분을 분석하며 알맞은 제품을 찾고, 건강한 몸과 마음을 위한 생활습관을 하나씩 쌓으면서 나는 건강해질 수 있었다. 만약 타고나길 건강 체질, 꿀피부였다면 오히려 나 자신에게 무관심했을지도 모른다. 하루하루가 속상하고 우울한 과거였는데, 그걸 극복하고자 했던 나의 피나는 노력이 지금에 와서 크고 작은 기회와 행복을 주고 있는 셈이다.

홈쇼핑 방송 중, 특히 뷰티 제품을 하다 보면 정말 많은 시청자가 라이브톡이나 개인 SNS로 다양한 질문을 보내온다. "화장품은 뭘 사야 하나요? 어떤 제품을 어떤 순서로 써야 하나요? 피부 고민이 있는데 이런 피부는 뭘 써야 하죠? 마사지는 어느 부위를 어떻게 해야 하나요? 모공이 큰데 어떡하죠? 주름은 언제부터 어떻게 관리해야 하나요?" 이외에도 정말 많다. 사실 질문을 보내신 분들이 정말 몰라서 물어보신다고는 생각하지 않는다. 당장 스마트폰을 꺼내 검색어를 입력해도 온갖 광고와 정보가 넘쳐나는 세상이다. 다만 많은 분들이 그중 어떤 정보를 믿고 제품을 선택해야 하는지, 나에게 어떤 성분이 맞는지, 뭐가 진짜 좋다는 건지 정확히 파악되지 않아 물어보는 것이라고 생각한다.

사실 나는 뷰티 전문가도 아니고, 박사나 의료진은 더더욱 아니다. 무엇이 정답이라고 딱 잘라 진단해 드릴 수는 없는 노릇이다. 하지만 그 대신, 나 역시 비슷한 고민으로 수많은 시행착오를 겪었고, 경험자로서의 조언은 얼마든지 줄 수 있다. 직업상 시중에 나온 화장품은 거의 써봤고, 다이어트 또한 안 해본 게 없을 만큼 무수히 많은 정보와 노하우를 가지고 있다. 방송을 보신 분들은 아시겠지만, 나는 방송에서 뷰티 제품을 소개할 때 브랜드나 제품 자체에 관한 설명보다는 "저는 이걸 왜 사용하고, 이렇게 사용했을 때 가장 효과가 좋았으며 어떤 변화가 있었다." 같은 후기를 풀어놓는다. 내 연차 정도면 추천하고 싶은 제품을 개인적으로 제안할 수도 있고, 반대로 별로인 제품은 거절하기도 한다. 또한 판매량이 높다고 해서 나에게 인센티브가 생기는 것도 아니다. 다만 내 이름을 걸고 소개하는 제품인 만큼 내가 신뢰하고 자신 있게 추천할 수 있는지를 최우선으로 따진다. 아마 많은 분들이 나에게 바라는 것은 그런 실질적인 경험과 정보가 아닐까 싶다. 그래서 이 책에 그동안 내가 쌓아온 건강과 뷰티에 관한 모든 경험과 지식을 아낌없이 담았다.

참고로 이 책에는 누구나 알고 있을 법한 브랜드의 제품은 거의 담지 않았다. 누구나 마음만 먹으면 1분 안에 알아낼 수 있는 제품은 제하고, 내가 발품을 팔아 브랜드를 방문하여 성분 분석을 의뢰하고, 직접 오랫동안 사용하며 효과를 본 제품을 기준으로 실었다. 그렇다 보니 내가 방송을 통해 소개한 것들도 많은데, 실제로 몇 년 동안 써보고 소개하는 것인 만큼 우리나라에는 잘 알려지지 않았더라도 알짜배기라는 것을 믿어주셨으면 한다. 아시는 분들은 알겠지만, 나는 에스테틱 화장품을 주로 추천하는데 사실 에스테틱은 아는 사람들만 알고, 다니는 사람들만 다니는 자못 폐쇄적인(?) 곳이었다. 게다가 관련 제품을 살 수 있는 루트도 제한적이었는데, 어찌 보면 내가 에스테틱 시장을 연 방아쇠 같은 역할을 한 셈이랄까?

누구나 제발 알았으면 싶은 최고의 제품이라고 해도, 고가의 에스테틱 화장품을 일반인들이 대중적으로 접하기 위해서는 사실상 방송의 힘이 필요했다. 아무리 훌륭한 제품이더라도 수입했을 때 가격이 너무 세면, 당연히 접근성이 떨어질 수밖에 없다. 나도 비싸서 못 쓰는 걸 누구에게 추천하기도 애매하다. 그런데 단가는 몇 개를 수입해 오느냐에 따라 소비자가격이 매우 차이난다. 선금을 내고 수입해오는 것이기에 일반인이 공동구매로 접근하는 데는 한계가 있다. 다만 방송에서는 만 단위로 수입하기 때문에 한 병당 10만 원대의 제품도 3만 원대까지 가격을 떨어뜨릴 수 있다. 간혹 정말 좋은 화장품인데 우리나라 식약청에서 금

지한 성분이 함유되어 있어 수입하기 어려운 경우도 있는데, 이때는 브랜드 측에 해당 성분을 다른 것으로 대체해 제작해달라고 요청하여 들여오는 제품도 많다. 이 역시 방송을 통해 대량 수입하기 때문에 가능한 일이다. 이러한 루트를 개척한 건 지금 생각해도 참 뿌듯하다.

허약한 몸이었지만 살아오면서 쌓은 많은 노하우로 건강을 회복했고, 자신 없던 피부도 나만의 비밀병기 같은 제품과 관리법으로 맑고 탄력 있게 가꾸었다. 그 과정을 모두 이 책에 담았다. 물론 헛돈 쓰고 헛된 노력을 한 이야기도 솔직하게 담았다. 전문가의 딱딱한 설명이 아니라 노력을 안 하면 "좋아질 수 있는데 왜 안 하는 거야!" 하고 잔소리도 하고, 답답한 마음이 들면 "비싸기만 한 제품을 왜 쓰는 거야!" 하고 토로하기도 하면서 애정을 듬뿍 담아 이 책을 만들었다. 나의 이야기로 여러분이 좀 더 쉽고 재미있게 건강을 유지하고 아름다움을 가꿀 수 있었으면 좋겠다. 목표는 각자 다를 수 있지만, 제대로 알고 노력한다면 누구나 '내가 꿈꾸는 나'를 만날 수 있다. 그것만큼은 여러분에게 자신 있게 약속한다.

동지현

내가 알고 있는 걸 당신도 알게 된다면

Contents

Prologue

내가 알고 있는 걸 당신도 알게 된다면 │ 4

Chapter 1.
우리 한번
피부 나이
되돌려볼까?

당신도 좋은 피부를 가질 수 있다! │ 16

화장품은 넘쳐난다, 중요한 건 '정보' │ 21

토너부터 크림까지 기초 케어 루틴 │ 30

피부 관리의 시작과 끝은 클렌징이다 │ 54

나이대별 관리, 지나 보니 보이는 것들 │ 62

두피가 말랑해야 머릿결도 말랑하다 │ 66

나는 욕실에서 힐링한다 │ 71

깨끗한 치아가 좋은 인상을 만든다 │ 77

얼굴만 리프팅? 몸도 매일 처지고 있다 │ 81

관리의 날, 나의 뷰티 스케줄 │ 86

매끄러운 몸매를 좌우하는 한 끗 │ 88

Chapter 2.
미모는
타고난다는
거짓말,
믿는 거 아니지?

피부 미인으로 다시 태어나기 │ 98

피부과가 처음인 당신에게 │ 101

돈 좀 써본 언니가 추천하는 피부과 시술 │ 106

피부의 적신호, 그대로 두지 말자 │ 112

비가 오나 눈이 오나 바람이 부나, 365일 필수 보호막 │ 115

요즘 누가 진짜 민낯으로 다니니? │ 121

깐깐하게 고르는 메이크업 제품 │ 124

나를 아는 게 포인트, 데일리 메이크업 │ 129

틈틈이 생기 충전! 자투리 시간을 공략하자 │ 137

Chapter 3.
내 몸은
일상의 기록!

식성은 몸이 기억하는 습관 ｜ 146

다이어트는 무조건 쉽게 해야 한다 ｜ 152

헬스냐, 필라테스냐 ｜ 161

집에서 하루 10분 운동 루틴 ｜ 165

내 몸은 굽이굽이 국도일까, 쫙 뻗은 고속도로일까 ｜ 171

강철 체력을 위한 시크릿 아이템 ｜ 178

나는 정말 '잘 자고' 있을까? ｜ 182

유난히 고된 하루, 이 또한 지나가리 ｜ 186

Chapter 4.
이제,
나라는 브랜드를
완성할 시간

내 인생의 주인공은 나야 나 | 192

예전이 좋았다? 지금, 나의 가장 빛나는 순간 | 196

방송용으론 꽝! 혹평을 딛고 만든 목소리 | 201

어른이 숏 팬츠에 롤러브레이드 타면 이상해요? | 207

나만의 기본템을 만들자 | 212

과감한 믹스매치 혹은 미스매치 | 218

뭔가 부족할 땐, 포인트 아이템 | 223

얼마든지 화려해도 좋다! 패션의 완성은 슈즈 | 227

"데미 무어처럼 해주세요!" 나의 쇼트 커트 히스토리 | 231

"너한테 좋은 냄새 나!" 나만의 인생 향수 | 237

Epilogue

결국, 나를 위한 일이다 | 244

WANNABE

DONG

JI HYUN

Chapter 1.

우리 한번
피부 나이
되돌려볼까?

당신도 좋은 피부를 가질 수 있다!

　　피부 좋은 사람을 보고 "평소에 어떻게 관리하세요?"라고 물으면, 보통 "별거 안 하는데…" 하고 교과서로만 공부했다는 수능 만점자 같은 대답을 한다. 그럼 다들 '역시 피부는 타고나는 것인가.'라는 부러운 눈초리로 고개를 끄덕이고 넘어간다. '될놈될(될 놈은 되고, 안 될 놈은 안 된다)'이라며 좋은 피부를 가지려면 역시 다시 태어나야 가능한 일인 것처럼 치부해버리는 것이다.

　　정말 피부는 타고나는 걸까? 사실 20, 30대 초반까지는 실제로 특별한 걸 하지 않아도 타고난 피부로 어느 정도 버틸 수 있는 게 사실인 것 같다. 툭하면 "어제 술 먹고 화장도 안 지우고 잤어." 하는 친구들도 그 나이까지는 끄떡없다.

하지만 30대 중반이 넘어가면 슬슬 예전과 다르다는 것을 체감하게 된다. 젊어서부터 피부를 가꾸고 돌보던 사람과 그렇지 않은 사람의 차이는 이때부터 벌어지기 시작한다. 물론 나이가 들면서 피부도 노화하는 것이 자연스러운 섭리이지만, 그 속도와 정도는 사람마다 다르다. 50대에도 20, 30대로 보이는 젊은 피부를 유지할 수 있는지는 100% 각자의 노력에 따라 좌우된다는 것을 나는 단언할 수 있다.

지금은 동에 번쩍 서에 번쩍하며 바쁜 스케줄을 소화하고 있지만, 나는 어릴 때 몸이 약해도 너무 약했다. 피부 알레르기부터 중증의 천식, 결막염 등 별의별 질병을 다 달고 살았다. 중학생 때는 천식으로 응급실에 실려간 적이 한두 번이 아니었고, 고등학생 때까지도 호흡곤란에 천식으로 밤마다 숨이 안 쉬어져서 엄마는 날 붙잡고 펑펑 울곤 했다. 하고 싶은 것도, 잘하는 것도 많았는데 몸이 따라주지 않으니 속상한 날이 많았다. 단거리 달리기는 선수를 할 만큼 잘했는데 장거리를 뛰면 쓰러져 버리고, 노래 부르는 것도 좋아하는데 제대로 하기에는 호흡이 받쳐주질 않으니 뭐 하나 제대로 꿈꿀 수가 없었다. 상황이 이렇다 보니 엄마도 내게 공부하라는 잔소리를 한 번도 하신 적이 없다. 대신 "넌 몸이 약하니까 고깃집 사장님이나 의사랑 결혼해라." 이런 이야기를 농담처럼 하시곤 했다.

특히 피부는 알레르기가 심하고 툭하면 발진이 생겼다. 어

우리 한번 피부 나이 되돌려볼까?

릴 때 교회에 좋아하는 친구가 있어서 일주일에 한 번 겨우 볼 수 있었는데, 하필 그날 얼굴에 두드러기가 나서 너무 속상해 펑펑 울었던 일이 아직도 기억난다. 이마에도 발진이 자주 생겨서 어릴 땐 앞머리를 올려본 적도 없다. 상처에 밴드만 붙여도 물집이 잡힐 정도로 약한 피부라서 상처에 빨간 약도 바르지 못했다. 재생이 빠르다는 어린 나이였는데도 피부에 이런저런 얼룩이 정말 많았다.

그러다 보니 대학생 때까지도 각종 병원을 집 드나들 듯 다녔다. 거의 7년 동안 매주 종합병원 면역센터에 가서 면역 주사를 맞으며 하루하루를 버텼다. 어떤 이유에서든 병원을 이렇게 오래 다니다 보면, 자연히 내 몸에 대해서 속속들이 알게 된다. 어떤 성분이 잘 맞고 어떤 성분에 부작용이 있는지, 약을 먹거나 바를 때마다 경험이 쌓이다 보니 내 몸에 대해서는 거의 의사 수준으로 파악하게 되는 것이다.

물론 지금은 몸도 많이 건강해졌고 피부도 나이에 비해 젊고 깨끗하다는 칭찬을 많이 듣는다. 하지만 내 피부는 절대 타고난 것이 아니다. 오히려 다른 사람들에 비해 많이 약했기 때문에 더 열심히 내 몸에 관해 연구하고, 나에게 맞는 제품이나 관리법을 찾다 보니 점차 건강해지고 나만의 건강 루틴을 찾게 된 것이라고 생각한다.

많은 사람들이 원하는 좋은 피부란 달리 말하면 '맑고 건강하며 두꺼운 피부'다. 잡티나 주름이 적으면서 도톰한 피부를 타고나면 참 좋겠지만, 나는 지금도 피부가 얇고 건조해서 주름이 생기기 쉽고 예민해 그만큼 피부 관리에 더 많은 노력을 기울여야 한다. 그래서 내 피부에 닿는 모든 것은 까다롭게 고르고 테스트한다. 새 화장품을 시험적으로 사용할 땐 우선 팔목에 발라보는데, 좋지 않은 성분은 금방 반응이 온다. 내가 무난히 바를 수 있는 제품이면 웬만한 사람들에게는 대부분 문제없이 잘 맞는다.

피부가 건강하고 예뻐지는 비결을 단 한 가지 방법, 혹은 하나의 제품으로 딱 잘라 말할 수는 없다. 당연한 말이지만 피부 건강은 여러 가지 요인이 복합적으로 작용하는 것이고, 정말 투자와 노력 대비 결과가 나타난다. 운동은 꼭 헬스장에 등록해야 시작이라고 생각하는 것처럼, 피부도 어느 날 작정하고 피부과에 가서 뭔가를 해야 피부 관리라고 생각하는 분들이 많다. 그런데 사실 피부 관리는 그냥 집에서, 일상에서 끊임없이 계속하는 것이 핵심이다. 나는 어릴 때부터 항상 자외선을 피해 그늘로 다니고, 집에서 텔레비전을 보면서도 팩이나 영양크림을 발라 수시로 톡톡 두드리던 게 지금은 몸에 밴 습관이 되었다. 나이가 들어도 건강하고 예쁜 피부를 유지하기 위해서는 꾸준히 좋은 습관을 기르는 것이 정말 중요하다.

아마 내가 태어날 때부터 피부가 좋았다면 지금처럼 피부에 관심을 기울이지는 않았을 것 같다. 많은 분들이 나이에 비해 젊어 보이는 내 피부의 비결을 궁금해 하시는데, 지금 내 피부의 비결은 사실 결핍이었던 셈이다. 워낙 절박해서 행했던 모든 노력이 하나씩 쌓여 지금의 나를 만들었다. 모든 발전은 결핍에서 시작되기 마련이라고 하지 않던가. 좋은 피부를 원한다면 그만큼 피부에 노력을 해야 한다. 내 노력이 가상하다면 내 피부에 그 보상이 드러날 것이다.

화장품은 넘쳐난다, 중요한 건 '정보'

　　광고만 보면 이 세상에 천지개벽할 만한 좋은 화장품은 넘치고 넘친다. 모델의 얼굴에 화장품을 톡 하고 떨어뜨리면 피부에 매끄러운 빛이 발하는 CF의 한 장면처럼, 내 피부도 순식간에 10년은 젊어질 것만 같다. 하지만 그게 가능했다면 세상에 피부 때문에 고민하는 사람은 없을 것이다. 화장품은 실제로 마케팅에 어마어마한 비용을 책정하는데, 그들이 보여주는 것처럼 제품 하나가 엄청난 기적을 일으키는 일은 사실상 없다고 봐야 한다.

　　물론 좋은 화장품, 비싼 화장품을 쓰면 심리적으로는 제품의 도움을 받고 있다는 생각에 안심이 될 수도 있다. 하지만 중요한 건 이론이 아니라 실습이다. 똑같은 성분이 들어 있는 화장품이라도 피부 타입에 따라, 바르는 방법에 따라, 또 그 성분을 녹여낸 기술에 따라 화장품의 기능은 달라진다. 어떤 화장품을 고르는지도 중요하지만, 이 화장품이 지닌 잠재력을 내 피부가 얼마나 잘 흡수하는지가 관건인 것이다.

예를 들어, 보습 효과로 유명한 히알루론산은 분자 크기가 매우 크다. 흡수가 더디고 피부 바깥에서 미끌미끌하게 겉도는 성질을 가지고 있다. 10의 양을 발라도 0.5밖에 흡수되지 않는다. 그래서 화장품에 따라 이것을 기술로 쪼개게 되는데, 같은 용량의 히알루론산이 함유된 화장품이라도 마이크로 기술력이 들어간 경우에는 흡수가 훨씬 잘된다. 화장품에 함유된 성분 그 자체도 중요하지만 실제로 내 피부에 어떤 효과를 주는지가 화장품 기능의 핵심이라고 할 수 있다. 그래서 나는 홈쇼핑에서 화장품 방송을 할 때, 종종 성분에 대해서는 언급조차 하지 않을 때도 있다. 어려운 성분 이름을 늘어놓으며 내 암기 실력을 뽐내는 게 뭐가 그리 중요하겠는가. 다이어트 광고를 보더라도 우리는 그 원리를 탐색하기보다 일단 비포, 애프터 사진부터 찾는다. 아무리 비싼 명품 화장품이라 한들, 들어도 잘 모르는 성분을 읊어주는 것보다 얼마나 오래, 어떻게 사용했고, 어떤 효과를 보았는지 써본 사람의 실제 경험과 정보가 더 중요하고 궁금하지 않을까?

또한 화장품과 내 피부의 궁합도 중요하다. 같은 화장품을 써도 친구는 효과를 보는데 나에게는 별 도움이 되지 않았던 경험이 모두 있을 것이다. 이를테면 모공이 넓은 사람은 좋은 성분을 잘 흡수할 수 있다는 장점이 있지만, 여드름이 잘 난다. 반대로 나처럼 모공이 작으면 보기엔 좋을지 몰라도 건조함과 끝없이 싸워야 한다. 이렇게 건조한 피부는 화장품을 10의 양만큼 발라도 그중 흡수되는 건 2 정도뿐이다. 그러니까 좋은 화장품을 쓰는 것도 중요하지만, 반복적으로 발라주는 게 더 중요하다. 나는 한 번 발라서 10만큼의 효과를 욕심내는 것이 아니라 2의 양을 자주 흡수시켜 주기 위해 수시로 발라야 하는 사람이다. 그러다 보니 화장품을 쏙쏙 흡수해 효과를 조금이라도 더 끌어올리게 하는 나만의 팁이 있는데, 여러분에게 소개한다.

우리 한번 피부 나이 되돌려볼까?

묽은 제형부터 바르자

화장품은 묽은 제품부터 점성 있는 제품 순으로 발라줘야 한다. 피부는 비슷한 상태의 성분부터 받아들이는 성질이 있어서 토너와 앰플처럼 촉촉한 액상 제형부터 시작해 세럼, 에센스, 크림 순으로 발라줘야 흡수가 잘된다.

따뜻한 손으로 천천히 마사지하자

에스테틱에서는 화장품을 바를 때 '톡톡' 두드리기보다는 천천히 롤링하듯 마사지한다. 화장품이 흡수되는 데에는 피부와 비슷한 온도도 중요한 요소이기 때문에, 사람의 체온으로 흡수시킨다는 느낌으로 따뜻한 손으로 제품을 피부에 천천히 롤링해주는 것이 좋다.

이온 케어 제품을 이용하자

가격은 사악하면서 용량은 개미 눈물만큼 들어 있는 앰플 같은 제품은 한 방울 한 방울이 아깝다. 피부에 제대로 흡수시키기 위해서는 기계의 힘을 빌리는 것도 좋다. 나는 주로 메르비Merbe 이온 초음파 피부관리기를 사용하는데, 건성이거나 모공이 작은 사람에게 특히 추천한다.

세상에 화장품은 넘쳐나고 누구나 들으면 알 만한 유명한 브랜드도 많지만, 무조건 값비싼 제품을 선택하는 것도 답은 아니다. 개인적으로 나는 에스테틱 브랜드의 화장품을 선호한다. 에스테틱에서 쓰는 화장품은 피부과에서 기계를 사용해 시술하는 것과 달리 우리가 집에서 하는 것처럼 손을 사용해 효과를 내야 하는 제품들이라 일단 활용하기에 좋다. 또한 성격 급한 한국인들은 누워서 관리를 받은 뒤에 눈 뜨면 바로 달라진 내 모습을 확인하고 싶어 한다. 그 덕분인지 에스테틱 브랜드 제품 중에는 유독 효과가 탁월한 제품이 많다. 대신 성분이 강한 것도 많아서 나와 안 맞는 성분이 있는지 먼저 살펴보고, 팔 안쪽 피부에 테스트를 한 뒤 하루가 지나고도 트러블이 없다면 얼굴에 사용하는 것이 좋다.

아직 우리나라에는 에스테틱 브랜드가 유명하지 않은데, 나는 30대 초반부터 에스테틱에 다니고 다양한 브랜드를 접해왔기 때문에 저렴하고 좋은 브랜드를 발견하면 사람들에게 소개해주고 싶어서 안달이 난다. 사람 마음이 참 신기하다. 내가 써보고 별로였던 제품 앞에서 고민하는 누군가에게 "그거 별로예요!"라고 어떻게든 귀띔을 해주고 싶은 오지랖이 발동한다. 심지어 비싸기만 한 엉뚱한 제품을 쓰고 있는 지인에게는 제발 쓰지 말라고 뜯어 말리고 싶다. 반대로 가성비가 끝내주는 훌륭한 제품이 있으면 그 물건을 모르는 사람이 없을 때까지 동네방네 소문내고

우리 한번 피부 나이 되돌려볼까?

싶어진다. 그런 의미에서 나는 오지랖 욕구에 참 충실한 직업을 선택한 것도 같다. 어쨌든 좋은 제품을 전국구로 소문내는 일을 하고 있으니까.

보통 홈쇼핑에서 판매되는 제품은 먼저 상품기획자인 MD에게 제안이 간다. 혹은 MD가 제품을 골라 제안하기도 한다. 그리고 스무 명 정도 관계자들이 모인 자리에서 신상품을 제안해 제품을 설명하고 점수를 매겨 방송 여부를 결정한다. 실제로 방송이 나가기 전에는 QC팀이라고 하는 퀄리티 체크팀이 모든 테스트를 직접 한다. 이슈가 되는 성분이 포함되어 있으면 해당 제품을 빼거나 대체 성분을 요구하는 식으로 깐깐하게 제품을 파악한다. 홈쇼핑에서는 소비자가 실제로 상품을 만져볼 수 없으니 오프라인에서 파는 것보다 더 깐깐하게 확인하는 것이다. 직접 발라보고, 지워보고, 임상 결과치도 확인한다. 그렇게 통과된 제품을 기준으로 실제로 쇼핑 호스트가 배정되고 방송되는 것이다.

그런데 나는 워낙 예전부터 많은 뷰티 제품을 접하고 써와서 실제로 내가 사용해서 좋았던 제품을 MD에게 먼저 제안하거나 직접 소싱(대외구매)하여 소개할 때가 많다. 혹은 나에게 직접 제안이 오는 제품의 경우에는 오랜 기간 테스트한 뒤 만족스러우면 방송에 소개하기도 한다. 내가 소싱하는 제품을 임상 센터에서 직접 몇 달 동안 테스트한 적도 있다. 임상은 그 자리에서 바로 클렌징을 한 다음, (심지어 알코올로 얼굴을 닦아낸 뒤) 시작할 정도로 철저하게 진행한다. 워낙 많은 제안이 오기 때문에 그중에서도 정말 탁월한 장점이 있는 제품을 골라내야 하는데, 사람들이 아직 잘 모르는 좋은 제품을 소개할 생각을 하면 시작부터 설레고 뿌듯해진다.

프랑스의 마리아갈랑Maria Galland이라는 브랜드는 모자이크 요법으로 유명하다. 얼굴 전체를 하나로 보는 것이 아니라 부위별로 잘게 나누어 어느 부위는 건성, 어느 부위는 지성인지 파악해 그에 맞는 각기 다른 제품을 쓰는 것이다. 사실 이렇게 나눠야 할 정도로 피부 컨디션은 복잡하다. 남들과 같은 루틴을 갖는 게 아니라 어떤 화장품을 어떻게 써야 하는지 나만의 '찰떡 루틴'을 찾아야 같은 비용과 시간을 들여 최대의 효과를 볼 수 있다. 내 피부에 직접 발라 테스트하면서 건성인지, 복합성인지, 부위별로는 어떻게 다른지 등 내 피부에 관해 더 자세히 연구하고 발견해야 한다.

내가 20대 때는 누군가 나에게 어떤 화장품이 좋다고 알려주는 사람이 없었다. 지금은 정보가 방대해졌지만, 그 안에서 나에게 필요한 정보를 골라내기란 더 어려워졌다. 어떤 정보가 알짜배기인지, 어떤 화장품을 어떻게 써야 하는지, 어떤 습관이 내 피부를 망가뜨리고 있는지 누군가 옆에서 구구절절 알려주면 좋겠다. 나 역시 그 과정을 겪어왔기에 언니처럼, 친구처럼 내 경험을 나누고 좋은 방향과 선택들을 추천하고 싶다.

우리 한번 피부 나이 되돌려볼까?

내 얼굴에 흡수시키는 화장품이니 무엇보다 성분이 정말 중요하다. 홈쇼핑 뷰티 MD들은 화해 어플을 거의 달고 산다. 혹여나 이슈나 논란이 될 가능성이 조금이라도 있어서는 안 되니, 성분을 꼼꼼히 체크해야 하기 때문이다.

이를테면 해외에서 좋은 제품을 들여오려고 해도 우리나라 식약청에서 부적합한 성분으로 분류한 것이 포함된 경우도 있고, 이미 해외에서 수십 년 동안 사랑받은 제품이지만 의외로 이슈가 되는 성분이 포함된 때도 있다. 이런 제품을 우리나라에 수입하기 위해서는 대체 가능한 성분으로 레시피를 바꾸거나 해당 성분을 제외하는 등 브랜드와의 조율이 필요하다. 물론 그 과정에서 탈락되는 제품도 많다.

이처럼 국가마다 성분 기준도 다르고, 사람마다 효과나 반응도 다르지만, 가장 우선적으로 누구나 알고 있는 나쁜 성분은 피하는 게 상책이다. 요즘은 누구나 화해 어플을 통해 간단히 성분을 확인할 수 있으니, 제품을 구매하기 전에 살펴보는 것도 현명한 방법이다.

내가 꼭 확인하는 유해성분

① **광물성 미네랄:** 피부 트러블을 유발할 수 있다.

② **파라벤:** 피부염 및 알레르기를 유발할 수 있다.

③ **페트롤라툼:** 피부 호흡을 막을 수 있다.

④ **타르색소:** 발암성 문제를 유발할 수 있다.

우리 한번 피부 나이 되돌려볼까?

토너부터 크림까지 기초 케어 루틴

피부 관리는 어느 날부터 작정하고 특별하게 시작하는 것이 아니다. 숨 쉬듯이 내 몸에 배어 있어야 하며 내 일상에 스며 있어야 한다. 드라마를 보면 자기 전에 실크 가운을 입고 화장대 앞에 앉아 화장을 지우고 로션을 바르는 모습이 나오곤 하는데, 나는 드라마에서와 같은 화장대가 따로 없다. 내가 쓰는 기초화장품은 안방 화장대에 놓여 있는 게 아니라 내 손이 쉽게 닿을 수 있는 곳곳의 장소에 있다. 나는 피부과나 헤어숍에서 쓰는 2단짜리 바퀴 달린 트롤리에 스탠드 거울을 하나 세워서, 그걸 원하는 장소로 졸졸 끌고 다닌다. 식탁 옆으로 가져와 앰플을 바르기도 하고, 거실에서 전화통화를 하면서 크림을 바르기도 한다. 나는 기초제품을 한 번 바르고 끝내는 게 아니라 생각날 때마다, 손이 닿을 때마다 챙겨 바르기 때문에 아침저녁에만 하는 기초 케어 루틴이랄 것은 없다.

그래도 궁금해 하는 분들이 많으니 나의 기본적인 루틴을 소개하자면, 아침에는 비누 세수는 하지 않는다. 나처럼 건조한 피부를 가진 분들은 비누를 멀리해야 한다. 대신 화장솜에 토너를 듬뿍 묻혀 세수하는 것처럼 피부결을 정리해준다. 그다음 에센스, 영양크림, 선크림 순서로 바르면 기초 단계는 끝! 밤에는 클렌징을 해준 다음 토너, 에센스 대신에 앰플, 영양크림 순으로 보통 마무리한다. 기초 케어에서 내가 가장 중요하게 생각하는 세 가지는 바로 영양, 탄력, 리프팅이다. 얼굴의 기미나 잡티는 메이크업으로 가릴 수 있지만, 처지거나 상한 피부는 숨기기 어렵기 때문이다. 다음은 단계별로 좀 더 세세히 소개한다.

토너 클렌징의 마무리이자 기초의 시작

토너는 클렌징의 마무리이자 기초의 첫 단계이다. 그래서 나는 토너를 화장실에 두고 쓴다. 아침에는 물 세안 대신으로 사용하고, 저녁에는 클렌징을 한 뒤 마무리로 사용한다. 클렌징을 꼼꼼하게 했다고 생각해도 얼굴에 아직 메이크업 잔여물이 남아

우리 한번 피부 나이 되돌려볼까?

있는 때가 많다. 이때 화장솜에 토너를 흠뻑 묻혀서 얼굴을 닦아내면 2차 클렌징 효과를 볼 수 있다. 동시에 다음 단계인 에센스나 앰플을 흡수하기 위한 준비 단계라고도 할 수 있다.

쩍쩍 갈라진 마른 논에 물을 준다고 생각해보자. 논이 물을 흡수하지 못하고 표면에 맺혀 버린다. 반면 촉촉한 논바닥은 물을 주면 그대로 쏙쏙 흡수한다. 마찬가지 원리로 토너를 이용해 얼굴을 촉촉하게 정리해준 상태에서 다음 단계인 에센스나 앰플을 발라줘야 흡수가 훨씬 빠르다. 그래서 에스테틱에서는 엄청나게 큰 용량의 토너를 옆에 두고 단계가 끝날 때마다 계속 얼굴을 닦아준다. 와인을 마실 때 종류가 바뀌면 중간에 맹물로 입을 헹궈주는 것처럼 피부가 새로운 영양분을 받아들일 수 있도록 다시 준비시키는 셈이다. 가끔 해외에 나가면 여행지의 물에는 석회질이 많아 피부가 뒤집어질 때가 있는데, 그럴 때도 물로 세안하지 말고 토너를 사용해 얼굴을 닦아내는 것이 좋다.

예전에는 토너 단계를 무시하거나 넘어가는 때가 많았다. 홈쇼핑에서도 화장품 전체 구성에서 토너는 끼워주는 아이템 정도로 취급했다. 하지만 나는 예전부터 토너에 신경을 많이 쓰는 편이라 토너만 다루는 구성으로 방송을 한 적도 있다. 처음에는 다들 왜 토너를 이렇게 많이 써야 하는지 몰라 어리둥절했지만, 그 역할에 대해 자세히 설명해주니 그날 방송에서 비로소 토너의 진가가 인정되었다.

다만 토너를 쓸 때 잊지 말아야 하는 것이 있다. 화장솜에 토너를 충분히 적셔서 솜으로 인해 피부가 긁히지 않도록 해야 한다는 것이다. 솜의 감촉이 거의 느껴지지 않을 정도로 듬뿍 적셔서 사용해야 한다. 그래서 토너에 관해 설명할 때마다 내가 늘 강조하는 것이 있다. "여러분, 토너는 흥청망청 쓰세요!"

우리 한번 피부 나이 되돌려볼까?

마리아갈랑 실키 소프트 로션 64 MARIA GALLAND Silky-Soft Lotion 64

제품명은 로션이지만 제형은 토너처럼 묽다. 향도 좋고 에센스 느낌이라 기초 첫 단계로 쓰기에 좋다. 나는 봄철에 맑은 피부를 연출하고 싶을 때 자주 쓴다.

안눈치아타 마리골드 토너 ANNUNZIATA Marigold Toner

카렌듈라 꽃잎이 들어 있어 비주얼부터 눈에 띄는 제품이다. 특히 진정 효과로 유명해 땡볕에 달궈진 여름 피부에 사용하기 좋다. 클렌징 후 얼굴을 차분하게 마무리해주는 토너로 추천한다.

피토메르 로제비자쥐 PHYTOMER Rosee Visage

피토메르는 토너와 에센스 제품으로 유명하다. 해수 성분이라 우리 몸의 속성과 비슷해 피부에 금방 흡수된다. 게다가 대용량으로 펌프형 용기도 있는데, 하나 사두면 정말 오래 쓴다.

화장솜 고르기

화장솜은 특히 아이메이크업을 지울 때 많이 사용하는데, 눈가의 얇고 건조한 피부에 강한 자극이 되지 않도록 최대한 부드러운 화장솜을 고르는 게 중요하다. 나는 특정 브랜드의 화장솜을 정해서 사용하진 않지만, 마트나 올리브영 같은 곳에서 제품을 비교해보면 차이를 금방 알 수 있다. 싸고 양이 많은 얇은 화장솜보다는, 천 원 더 비싸더라도 도톰하고 매끄러운 화장솜을 쓰면 확실히 더 부드럽게 닦인다.

앰플 피부에 양보하는 보양식

앰플은 피부에 제공하는 영양 성분의 엑기스라고 볼 수 있다. 피부에 일종의 보양식을 먹이는 것이랄까? 젊을 땐 비타민이나 오메가-3 같은 기본 영양제를 먹다가 나중에는 공진단처럼 강력한 성분의 도움을 받게 되듯이, 앰플도 그야말로 피부에 필요한 핵심적인 영양을 응축해 제공하는 역할을 한다. 그래서 20대 친구들은 매일 바를 필요까진 없지만, 현재 나는 아침에는 생략하더라도 저녁에는 거의 매일 바르는 편이다. 일반적으로 앰플은 아주 작은 용기에 들어 있는데 보통은 반 정도만 발라도 피부가 충분히 흡수하지만, 어떤 날은 한 통을 다 써야 충분한 느낌이 들 때도 있다. 그때는 내 피부가 그만큼 허했다는 뜻이다. 그래도 희망적인 것은 반복해서 쓸수록 흡수되는 양이 조금씩 줄어든다는 것이다.

사실 우리나라에 앰플 개념이 처음 들어온 것은 1990년대로, 그때만 해도 외국에서 앰플을 사오면 공항에서 붙잡혀 주사 약품 같은 게 아닌지 해명해야 할 정도였다. 비교적 느리게 대중화된 편이지만, 앰플은 에스테틱에서는 주요 아이템이다. 어떤 앰플을 사용하는가에 따라서, 어떤 기계로 피부 침투율을 높이는지에 따라서 에스테틱의 레벨이 달라진다. 얼마나 좋은 앰플을 피부 깊숙이 흡수시켜 주는지가 핵심인 것이다.

마티덤 블랙 다이아몬드 MARTIDERM Black Diamond

주름 개선에 탁월한 제품이다. 게다가 합리적인 가격에 영양 성분이 정말 좋아서 자주 사용한다. 40, 50대 여성분에게 추천하는 제품이다.

클랍 캐비아 파워 KLAPP Caviar Power

내가 에스테틱 화장품을 즐기게 된 계기가 되어준 제품이다. 클랍 앰플은 30일간 사용할 단계와 양이 정해져 있어서 차근차근 관리해주기에 좋다. 나도 여러 번 재구매한 제품으로 주변에 선물도 많이 했다.

소티스 엘릭시르 릴리피던트 에센셜 SOTHYS Elixir Re-lipidant Essentiel

고농축 고보습 앰플이다. 건조함과 푸석거림을 느끼지 않게 해주는 제품으로, 악건성에 속건조가 심한 예민한 피부를 가진 분들에게 추천한다. 가격대가 좀 나가는 편이지만, 사용해보면 지속적으로 사용할 수밖에 없는 매력적인 수분 앰플이다.

집에서 할 수 있는 미백 관리

피부과에서 화이트 태닝 시술이나 백옥주사 등으로 미백 효과를 주는 방법도 있지만, 집에서 미백 관리를 할 수 있는 좋은 성분이 바로 비타민C다. 보통 미백을 내세우는 제품에는 알부틴이라는 성분이 함유되어 있는데, 이 알부틴이 생각보다 강해서 피부와 잘 맞지 않는 분들이 많다. 반면 비타민C는 알부틴 대신으로 강력한 미백 효과를 줄 수 있고, 자극도가 상대적으로 낮아 사용하기에 용이하다.

대신 비타민 제품은 태양에 약해서 낮에는 다소 불안정하고 갈변되기 쉽기 때문에, 이왕이면 신선도와 안정성이 보장되는 전문적인 제품을 쓰는 게 좋다. 주의할 점은 함량이 지나치게 높은 제품도 피부를 예민하게 만들 수 있기에 무조건 비율이 높다고 좋은 것은 아니다.

우리 한번 피부 나이 되돌려볼까?

에센스와 세럼 밝고 촉촉한 피부의 기초 설계

에센스와 세럼의 역할은 거의 비슷하다. 특정 성분을 농축하여 피부에 영양을 제공해주는 것이다. 나는 봄여름에는 기미가 생기기 쉬운 시기라 미백이나 브라이트닝에 특화된 제품을 주로 사용하고, 가을과 겨울에는 쉽게 건조해지다 보니 수분, 탄력, 영양 제품을 주로 선택하는 편이다. 앰플과 에센스, 세럼은 사실 비슷한 개념이다. 특정 성분을 집중적으로 담고 있기 때문에 내가 원하는 기능을 중점으로 선택해 사용하면 된다. 다만 앰플은 그 농도가 가장 진한 만큼 가격대가 높지만, 가장 빠른 효과를 볼 수 있어 추천한다. 에센스나 세럼으로 관리하는 게 부족하다고 느껴질 때 앰플을 같이 써주면 좋다.

하지만 내가 미백이나 주름 개선 등 여러 가지 케어를 동시에 하고 싶다고 해서 여러 제품을 한꺼번에 쓰는 것은 좋지 않다. 오히려 효과가 떨어지거나 피부 트러블을 유발할 수 있으니 차라리 아침저녁으로 기능을 구분해 바르거나 주기에 따라 제품을 바꾸는 걸 추천한다.

여성들이 나이가 들면서 특히 고민하는 부분은 얼굴 하관 쪽이다. 일명 마리오네트 주름이라고 하는 입가 주름이 진해지면서 심술보처럼 살이 처지기 때문이다. 우리는 보통 얼굴 피부가 아래쪽으로 처진다고 생각하는데, 사실 피부는 늘어지는 방향이 각기 다르다. 그래서 이마는 위쪽으로 끌어올리고, 팔자주름은 대각선으로 끌어올리는 등 다르게 관리해야 한다. 피부과에서 얼굴에 대각선으로 실을 걸어 끌어올리는 시술도 있지만, 나는 집에서 하관 관리를 위한 특수 세럼을 이용해 관리해준다. 자극을 최소화할 수 있고 부작용이 없어 좋다.

우리 한번 피부 나이 되돌려볼까?

마리아갈랑 루미네끌라 세럼 340 MARIA GALLAND Lumineclat Serum 340

내·외부적인 요인으로 생기를 잃은 피부에 즉각적인 활기를 불어넣어 준다. 마리아갈랑은 대체로 텍스처가 독특한데, 이 제품도 고급스러운 느낌이라 개인적으로 좋아하는 세럼이다. 얼굴을 환하게 관리하고 싶은 분들에게 추천한다.

생크몽드 뤼미에르 세럼 CINQ MONDES Lumiere Serum

다크스팟이나 기미, 잡티를 옅게 지워주는 미백 기능이 뛰어나다. 보통 미백 제품은 건조한 편이라 보습을 신경 써야 하는데 이 제품은 보습 기능도 좋아서 주변에 많이 추천한다.

캐롤프랑크 액티브 세럼 CAROLE FRANCK Active Serum

모공 축소, 리프팅으로 특화된 제품이다. 처음에는 미끄러운 듯하다가 끈적한 느낌으로 바뀌는 독특한 제형인데, 바르고 조금 지나면 피부가 쫀쫀해지는 게 느껴진다. 동가게TV에서 마담동 컬렉션으로 특별히 제작되어 나가기도 했다.

캐롤프랑크 스컬프토발CAROLE FRANCK Sculptoval

하관 관리를 위한 특수 세럼. 눈 아래부터 목까지 얼굴 하관의

리프팅을 관리하는 데 특화된 제품이다. 보통은 제품을 바르고

붕대로 꽉 묶어 고정하는 코스가 많은데, 이 제품은 그 자체가

리프팅을 시켜 고정해주는 역할을 해서 사용하기에 편하다.

우리 한번 피부 나이 되돌려볼까?

아이크림 아이크림, 왜 안 바르세요?

　　홈쇼핑 생방송을 진행하다 보면 실시간으로 시청자 반응을 확인할 수 있다. 특히 아이크림이 필요한 이유에 대해 열변을 토하다 보면, "헉, 저 여태껏 아이크림 안 썼는데요." 하는 시청자 반응이 정말 많다. 그럴 때마다 나는 안타까움에 지금부터라도 제발 쓰시라고 등을 떠밀고 싶다.

　　기초 케어에서 특히 중요한 단계가 바로 아이크림이다. 우리 얼굴을 들여다보면 뺨이나 이마는 별 움직임이 없지만, 눈은 초 단위로 움직인다. 그만큼 눈가 피부는 주름지기 쉽다는 뜻인데도 우리는 눈가를 너무 소홀히 대한다. 얼굴에서 제일 바쁘게 움직이는 눈 주위 피부는 나이가 들면 점점 처지고 눈꺼풀이 내려오면서 아몬드 모양이 된다. 눈 앞꼬리부터 늘는 게 느껴지는데 여기에 섀도까지 바르면 잔주름은 더 도드라진다. 다른 부위의 피부가 아무리 좋아도 눈가에 주름이 많으면 나이가 고스란히 드러나기 마련이다. 더구나 눈은 피부과 시술도 어려운 부위인데다가 시술을 하더라도 부자연스럽게 티가 많이 난다. 그리고 무엇보다 비싸다! 얼굴 전체가 200만 원이라면 눈 부위가 150만 원의 비중을 차지한다. 그러니까 눈가가 더 주름지기 전에 미리미리 관리해주는 게 훨씬 경제적인 셈이다.

　　얼굴에는 2만여 개의 모공이 있는데, 그 모공이 눈가에는 거의 없어서 화장품을 흡수시키기도 그만큼 어렵다. 아이크림 용량이 작은데도 비싼 이유는 모공이 없는 그 부위에 제품을 흡수시키기 위해 성분을 잘게 쪼개거나 유효성분을 배가시키는 작업이 들어가기 때문이다. 사실 난 기억이 잘 나지 않는데, 대학생 때 친구들 이야기를 들어보면 "너는 그때도 아이크림을 얼굴 전체에 발랐잖아!" 하고 다시 생각해도 기막히다며 혀를 내두른다. 나는 눈꺼풀이 얇고 처지기 쉬운 피부인데도 아이크림을 꾸준히 바른 덕분에 지금의 건강한 눈가 피부를 유지할 수 있었다고 자부한다. 바르는 팁을 공유하면, 아이크림은 눈 아래쪽뿐 아니라 안구가 있는 부위 전체에 고르게 발라줘야 한다. 좀 더 철저히 관리하고 싶다면 앰플을 먼저 바르고 아이크림으로 마무리하면 금상첨화다.

우리 한번 피부 나이 되돌려볼까?

겔랑 아베이 로얄 아이크림 GUERLAIN Abeille Royale Eye Cream

스무 살 때 샌프란시스코에 여행을 갔다가 면세점 총 매니저의 추천으로 알게 된 제품이다. 그 나이에는 효과가 센 제품을 바를 필요 없다며 "아무 것도 쓰지 마" 하면서도, 그래도 하나를 선택한다면 이거라며 겔랑을 추천해줬던 기억이 있다. 수분감에 집중한 순한 제품으로 누구나 쓰기에 좋다.

빠이요 슈프림 쥬네스 코 앤 데콜테 PAYOT Suprême Jeunesse Cou & Décolleté

목 전용 제품으로 상단에 롤러가 달려 있어서 크림을 입구 쪽으로 올려 짠 후 마사지하며 바를 수 있는 형태이다. 롤 타입이여서 위생적으로 바를 수 있고 혈액 순환에 더 도움이 되는 것 같다. 대중적인 브랜드라 가격도 합리적인 편이다.

딸리카 아이 킨테상스 TALIKA Eye Quintessence

프랑스 대표 브랜드, 딸리카의 아이크림이다. 눈가 케어 전문으로 낮과 밤에 맞춰 관리할 수 있도록 구성된 제품이다. 눈시림이 없고 흡수력도 탁월해 사용감이 좋다. 나는 눈꺼풀 리프팅 개선에 많은 효과를 봤다. 바르는 순서는 세럼 전 단계에 바르면 된다.

눈과 목은 비슷하다

최근 아이크림 외에 목 전용 제품도 많이 나오기 시작했다. 예전에는 얼굴에 바르고 남은 걸 목에 발랐는데, 사실 목은 얼굴보다 훨씬 건조하기 때문에 더욱 신경 써줘야 한다. 굳이 목 전용 제품을 사지 않는다면 아이크림을 같이 발라주는 것을 추천한다. 눈과 목은 다른 부위의 피부와 달리 얇고 건조하다는 것을 꼭 기억해야 한다.

영양크림 촉촉한 피부를 지켜주는 보호막

영양크림은 말 그대로 영양을 공급하는 동시에 보호막처럼 보습막을 형성해 피부를 지켜준다. 에센스를 아무리 많이 발라도 결국은 날아가게 되는데, 영양크림은 그 영양 성분이 날아가지 않도록 랩을 씌워 보호해주는 개념이라고 생각하면 된다.

영양크림이 기본 루틴의 마지막 단계라고 할 수 있지만, 나는 시간이 좀 지난 뒤에 한 번 더 레이어드해 크림을 바른다. 한 번 발랐다고 끝나는 것이 아니라 틈틈이 생각보다 자주, 또 과하게 발라줘야 한다. 나는 너무 건조할 땐 자다가도 더듬더듬 영양크림을 찾아 바를 정도로 항상 손닿는 곳, 가까이에 제품을 둔다. 물론 씻고 나서 한 번만 발라도 되겠지만, 사람 몸이 물 한 모금 없이 일주일까진 버틸 수 있다고 해서 굳이 그걸 실험해볼 필요는 없지 않겠는가. 몸이 필요로 하는 수분과 영양을 계속 공급해주면 좋다는 걸 알았다면 귀찮더라도 실천하자!

참고로 앰플이나 영양크림을 바르는 영역은 입술까지 포함이다. 입술은 모공이 없는 속살이 튀어나와 있는 셈이라, 자주 영양을 주고 신경을 써줘야 한다. 아니면 바세린처럼 미끌거리는 오일 성분 화장품을 입술에 바르고 자는 것도 촉촉한 결을 유지하는 데 도움이 된다.

마리아갈랑 리쥬베네이팅 크림 5 MARIA GALLAND Rejuvenating Cream 5

텍스처가 단단하면서도 약간 미끄러운 느낌이다. 피부 타입에 따라 살짝 기름지게 느낄 수도 있는데 건성 피부인 나에게는 찰떡같이 잘 맞는다. 브랜드 측에서 가브리엘 샤넬에게 헌사해 유명세를 타기도 했다.

아카데미 프린세스 크림 83 ACADEMY PRINCESS Cream N°83

케이스만 봐도 공주나 귀족이 쓰는 도자기 화장품 용기처럼 생겼다. 그래서 딸 가진 엄마들이 쓰다가 딸에게 뺏겼다는 후기가 자주 들려온다. 예전에 한 경제지에서 프랑스 대통령 집무실에서 표지 사진을 찍었는데, 그때 뒤에 이 제품이 찍혀 유명세를 타기도 했다. 백합 성분이 들어가 있어 크림이 새하얗고 재생 기능이 뛰어나다.

캐롤프랑크 크림 이드라덤 CAROLE FRANK Creme Hydratherm

에스테틱에서 사용하는 원통 케이스에 그대로 담아 판매한다. 텍스처가 굉장히 부드러운데, 특히 영양을 충분히 주고 싶은 날 쓰기에 좋다. 나는 피부가 너무 푸석하다고 느껴질 때 여러 번 반복해서 발라준다. 그럼 피부가 모찌처럼 쫀득쫀득해진다.

⬤TIP 좋은 크림은 팩이 된다

나는 마스크팩을 즐겨 사용하는 편이지만, 굳이 팩이라는 형태나 어떤 루틴을 고집하지는 않는다. 좋은 앰플이나 영양크림을 충분히 발라 흡수시키면 그게 결국 팩의 역할을 해주는 것이나 마찬가지다. 물론 집에서 틈틈이 수면팩, 수분팩 같은 걸 사용하기도 하지만, 팩 사용보다는 좋은 성분의 크림을 얼마나 자주 바르고 충분히 흡수시켜주느냐에 더 중점을 둔다.

대신 자가용으로 이동할 때는 일회용 마스크팩을 즐기는 편이다. 화장한 채로 차 안에서 가만히 앉아 햇빛을 정면으로 받고 있으면 피부가 정말 건조해진다. 미스트로도 한계가 있다. 그래서 메이크업을 하지 않고 나오거나 퇴근할 때는 차에서 클렌징을 하고 나서 일회용팩을 붙이고 이동한다. 가끔 새벽에 방송이 끝나기도 하는데, 집에 와서 클렌징하고 팩까지 붙이고 자는 건 너무 피곤한 일이라, 이동 시간을 활용해서 클렌징 워터로 얼굴을 닦아낸 후 팩으로 마무리 관리를 해주기도 한다. 햇빛이 따가운 계절에는 김정문 알로에 팩을 수시로 사용하고 미키모토나 AHC 팩도 즐겨 사용한다.

우리 한번 피부 나이 되돌려볼까?

다른 사람들과 비교해 내 기초 단계는 생각보다 심플하다. 그런데 한 가지 큰 차이가 있다. 제품을 바를 때 충분히 흡수될 수 있도록 '시간 차'를 두는 것이다. 한번은 프랑스 에스테틱 대표가 한국 여성 분들은 너무 급하다며, 좋은 화장품을 쓰면서 왜 흡수되는 시간을 기다리지 않느냐는 얘기를 했다. 특히 히알루론산처럼 미끄러운 성분은 위에 다른 화장품을 덧바르면 100% 밀릴 수밖에 없다. 피부에 좋은 걸 먹였으면 소화를 시킬 시간을 줘야 한다. 나는 그나마 여유가 있는 저녁에는 하나 바르고 할 일 하면서 흡수되길 기다렸다가 또 하나를 바르고, 이런 식으로 거의 한 시간 동안 기초화장품만 바를 때도 있다.

나는 직업상 워낙 많은 제품을 계속 새롭게 접하고 테스트하다 보니 같은 화장품을 연달아 사용하는 경우는 별로 없다. 그런 외중에도 내 화장대에서 몇 년째 자리를 잡고 있는 제품이 마리아갈랑 리쥬베네이팅 크림 5와 캐롤프랑크 이드라덤 크림이다.

마리아갈랑은 내가 대한민국 최초로 본사에 초청되어 방문하기도 했는데 자부심이 어마어마한 브랜드였다. 세계 최초로 석고마스크를 개발한 곳이기도 하다. 마리아갈랑의 남편이 치과의사인데, 치료 중에 석고 뜨는 작업을 하던 중 이를 피부에 접목시켰다고 한다. 제품 번호가 100가지가 넘는데 그중에 가격이 거의 100만 원에 이르는 크림도 있다.

캐롤프랑크는 약통처럼 생긴 특이한 케이스에 제품을 담

아 판매하는데도 효과가 좋아 재구매율이 높은 브랜드다. 나는 이 제품을 "에스테틱에서 원장님이 본격적으로 마사지를 시작할 때, 부드러운 크림이 참참 비벼지는 소리를 내는 바로 그것!"이라고 설명한다. 지금 이 순간에도 바르는 걸 상상하면 벌써 피부가 쫀쫀해지는 것 같다.

우리 한번 피부 나이 되돌려볼까?

피부 관리의 시작과 끝은 클렌징이다

승무원으로 일하던 시절에는 장거리 비행을 해야 하니 긴 시간 동안 (심지어 스무 시간 이상도) 화장을 지우지 못하는 일이 허다했다. 지금도 방송을 하다 보면 메이크업을 한 채로 하루 종일 있어야 할 때가 많다. 일과가 끝나면 메이크업은 최대한 빨리 지우고, 일이 없는 날은 색조 화장은 아무것도 하지 않고 피부에 숨 쉴 틈을 주는 것이 나의 피부 원칙 중 하나이다. 그만큼 화장을 지우는 일은 정말 중요하다. 비가 오나 눈이 오나, 술에 취했거나 몹시 피곤하더라도 (무슨 일이 있어도!) 자기 전에는 항상 클렌징을 100% 철저하게 한다. 사람들이 보통 화장을 할 때는 아이라이너로 점막까지 채우면서 지울 때는 그만큼 신경 쓰지 않는다. 하지만 특히 눈 같은 곳은 착색될 수도 있어서 꼼꼼하게 지우는 것이 참 중요하다.

영화나 드라마에서 화장대 앞에 앉아 클렌징 티슈로 얼굴을 문질러 닦으며 대화하는 장면이 종종 나온다. 그런데 사실 이런 클렌징은 절대 금물이다. 굳이 티슈를 사용한다면 절대 박박 닦지 말고 지그시 눌렀다 떼어내는 정도로만 해야 한다. 클렌징이라는 과정 자체가 이미 피부에 자극을 줘서 피부를 약한 상태로 만드는 것이기 때문에, 거기에 추가적인 자극은 주지 않는 게 좋다. 마치 아기 피부 다루듯이 해야 한다고나 할까? 그래서 나는 화장솜도 순한 제품으로 고르는데, 그 솜의 질감도 거의 느껴지지 않을 만큼 클렌저의 양을 충분히 해서 사용해야 한다.

그리고 제품 하나로 클렌징을 끝내고 나면 화장이 다 지워진 것처럼 느껴지지만, 피부 밸런스를 맞추기 위해서는 꼭 클렌징폼으로 마무리해줘야 한다. 우리 피부에 있는 보호막은 평소 pH5.5 정도의 약산성을 띠는데, 클렌징으로 개운하게 씻고 나면 내 피부의 보호막까지 같이 제거되어 pH7.5 이상의 알칼리성 피부가 되어 버린다. 클렌징 과정에서 유수분 밸런스가 깨지며 푸석해지는 것이다. 그걸 다시 중성화시켜 안전하게 마무리해주는 게 클렌징폼의 역할이다. 정리하면 클렌징의 단계는 이렇다.

STEP 1. 우선 손을 깨끗하게 씻는다. 그리고 부드러운 솜

우리 한번 피부 나이 되돌려볼까?

에 아이리무버를 묻혀 아이메이크업을 전체적으로 닦아준 다음, 면봉에 아이리무버를 묻혀 눈 점막까지 꼼꼼히 닦는다.

STEP 2. 클렌저(오일, 밀크 등)를 손에 듬뿍 묻힌 후 손을 비벼서 온도를 올린 다음 피부 화장을 지워준다.

STEP 3. pH 밸런스를 되돌리기 위해서 마지막에는 반드시 클렌징폼으로 마무리한다.

이렇게 얼굴을 씻어준 후에는 부드러운 세안용 수건으로 비비지 말고 꾹꾹 눌러서 물기를 제거하고, 바로 토너로 피부 결을 정리해준다. 참빗으로 머리카락을 빗어주는 것처럼 피부의 솜털도 결 방향대로 쓸어주는 것이다. 그래서 내 욕실에는 세안용 제품 외에도 항상 토너나 미스트가 준비되어 있다. 그다음에 앰플부터 시작해 영양크림까지 발라주는 게 나의 클렌징과 기초 케어 루틴이다. 화장품의 영양 성분은 바르는 피부 상태가 비슷해야 잘 흡수되기 때문에 피부가 촉촉할 때 발라주는 게 효과적이다. 다시 앰플이 흡수되길 기다렸다가 (기다리는 시간이 포인트!) 에센스나 세럼을 바르고, 그 성분들이 날아가지 못하게 마지막에는 영양크림으로 마무리한다.

물론 외출하고 집으로 돌아오면 빨리 눕고 싶고, 눕고 나면 또 손 하나 까딱 않고 바로 잠들고 싶은 게 바쁜 현대인들의 마음이니 몇 단계를 거쳐야 하는 클렌징은 귀찮은 게 당연하다. 하지만 어쩔 수 없이 부지런해야만 얻을 수 있는 것들이 있다. 클렌징을 제대로 하지 않고 피부가 좋아지길 바라는 것은 많이 먹으면서 저절로 살이 빠지길 바라는 것과 같으니 어쩌겠는가! 한 가지 더 이야기하자면, 클렌징 제품이 아무리 천연이고 좋은 것이라도 계면활성제가 들어 있기 때문에 제품을 바르고 오래 마사지하지 말고 최대한 빠르게 씻어내는 것이 중요하다.

그리고 요즘에는 물로 씻어내지 않아도 되는 클렌징도 많이들 사용한다. 나는 비행기로 장시간 이동해야 할 때 클렌징을 끝낸 후에 영양크림까지 철저히 발라주고 그 위에 마스크까지 얹은 채 자는 편이다. 기내에서는 물로 클렌징하기가 번거로워서 굳이 씻어내지 않고 한 번에 끝낼 수 있는 제품을 추천한다. 꼭 기내에서뿐만 아니라 차 안에서 사용해도 좋고 너무 피곤하고 씻기 귀찮은 날 사용하기에도 안성맞춤이다.

클렌징을 하면서 일주일에 한 번씩 꼭 해줘야 하는 것이 있는데, 바로 각질 관리이다. 다만 이 관리를 자주 하면 피부를 극도로 예민하게 만들 수 있기 때문에 주의해야 한다. 사람의 피부는 28일 주기로 각질이 떨어져 나가고 새살이 돋기를 반복하는데, 나이가 들면 죽은 피부가 잘 떨어져 나가지 않고 붙어 있으면서 피부가 칙칙해지고 탄력도 떨어진다. 발뒤꿈치의 굳은살이 얼

우리 한번 피부 나이 되돌려볼까?

굴에 붙어 있는 것이나 마찬가지라 아무리 좋은 걸 발라줘도 흡수가 되지 않는 것이다. 그런 죽은 피부를 억지로 떼어주는 것이 각질 관리다.

각질 관리를 하면 피부가 매끄러워지기 때문에 일주일에 한두 번 해야 하는 것을 더 자주 하게 되는데, 이때 피부 재생이 제대로 뒷받침되지 않으면 피부는 끝도 없이 예민해지기만 한다. 나는 아주 가끔 집에서 약한 필링제를 사용하곤 하는데, 특히 피부가 건성인 분들은 필링이나 각질 관리를 더 신중하게 해야 피부가 약해지지 않는다.

이브롬 클렌저 EVE LOM Cleanser

제형이 굉장히 독특하다. 고체 오일인데 피부 위에 올리면 체온으로 부드럽게 녹는다. 특이하게 가제수건과 세트로 구성되어 있는데 오일로 1차 클렌징을 한 뒤 가제수건을 뜨거운 물에 적셔서 얼굴을 닦으면 각질 관리까지 된다. 다만 기능은 너무 좋은데 가격이 비싸서 매일 쓰기는 어렵다.

산타마리아 노벨라 사포네 벨루티나 SANTA MARIA NO-VELLA Sapone Vellutina

비누 타입의 제품으로, 따로 클렌징폼으로 마무리할 필요 없이 이 제품 하나로만 클렌징, 보습, 영양까지 줄 수 있다. 다만 미용 비누라서 가능한 것이지, 일반 비누를 이렇게 사용하면 절대 안 된다.

용카 젤 네또양 YONKA Gel Nettoyant

로션, 젤 두 가지 타입으로 나오는데 로션 타입으로 1차 클렌징을 하고 젤 타입으로 2차 클렌징폼을 한다. 아이메이크업을 지우는 데도 쓸 수 있는 순한 제품이다.

폰즈 클리어 훼이스 스파 립앤아이 메이크업 리무버

오일 섞인 타입의 아이 전용 리무버로 순하게 잘 지워져 애용한다. 화장은 하는 것보다 지우는 것이 중요하다는 명언을 남긴 브랜드답다.

바이오더마 클렌징 워터

물로 씻지 않는 대신 화장솜에 듬뿍 적셔 메이크업 잔여물이 묻어나오지 않을 때까지 닦아줘야 한다. 수분감이 좋아 사용 후에도 피부가 촉촉하다.

유세린 더메토 클린 3 in 1 미셀러 클렌징 플루이드

립앤아이리무버, 클렌저, 토너 이렇게 세 가지 기능을 하는 멀티아이템이다. 게다가 pH7로 자극 없이 노폐물을 제거해주는 동시에 피부 속 수분 레벨까지 유지해준다.

DHC 올리브버진오일 아이리무버 스틱

올리브버진오일이 100% 함유되어 있어 매우 순하고 촉촉하다. 게다가 오일면봉이 낱개로 포장되어 있어서 외출 후 번진 화장을 지우는 데도 유용하다.

더말로지카 데일리 마이크로폴리언트 DERMALOGICA Daily Microfoliant

효소 가루로 각질 관리를 하는 제품이다. 500원짜리 동전만큼 덜어내서 물이나 약산성 클렌징 젤 제품과 섞어 씻어내면 피부가 매끈해진다.

클랍 아사필 케어 크림 KLAPP Asa Peel Care Cream

비타민이 풍부한 독일 수면 필링크림이다. 피부 좋기로 유명한 한 여배우의 아이템으로, 자기 전에 바르고 다음 날 아침 씻어내면 된다. 피부가 얇은 사람이 사용해도 무리 없을 만큼 순해서 애용한다.

우리 한번 피부 나이 되돌려볼까?

나이대별 관리, 지나 보니 보이는 것들

나는 어릴 때부터 얼굴에 주근깨가 있었던 터라, 기미나 잡티에 특별히 예민하지 않았다. 그런데 임신과 출산은 내 몸을 완전히 바꿔놓았다. 30대 중반, 임신을 하면서 20kg이 쪘는데, 다시 회사로 복귀해야 해서 급히 3개월 동안 15kg을 감량했다. 너무 급하게 다이어트를 하다 보니 당시 얼굴이 푹 패이고 상하기 시작했다. 피부가 처진다는 것을 처음 느끼기 시작한 것이다. 그러면서 내가 가장 중요하게 챙기게 된 것이 영양, 탄력, 리프팅이었다. 기미나 잡티는 메이크업으로 가리면 되지만, 기본적으로 피부 바탕이 상해버리면 인상이 확 바뀌게 된다. 그러면서 20대에 해야 할 관리, 30, 40대에 해야 할 관리가 각기 다르다는 것도 느꼈다. 그 시기를 지나고 있는 분들은 이것만은 꼭 기억하기를 바란다.

20대 클렌징, 기초 케어, 선크림

이 시기에는 다들 메이크업은 이것저것 다양하게 시도해보면서 클렌징은 열심히 하지 않는다. 나도 그땐 전문적인 지식이 없다 보니 내가 왜 그랬을까 싶을 정도로 클렌징에 소홀했다. 피부뿐 아니라 눈과 입술도 꼼꼼하게 닦아줘야 한다. 속눈썹 사이사이 아이라이너로 점막을 채웠으면 아이 전용 리무버를 면봉에 충분히 묻혀서 구석구석 닦아줘야 한다. 그리고 한 가지 더! 기본에 충실하지 않은 20대 친구들이 많다. 색조 화장을 하기 전에 기초 관리를 잘해주는 것은 정말 중요하다. 내 피부와 색조 사이에 안전장치 역할을 해준다고 생각하면 된다.

마지막으로 외출 전, 선크림 바르는 것을 절대 잊지 말자. 자외선은 노화의 주범으로, 30대가 되면 많은 여성들이 20대 때, 선크림을 열심히 바르지 않은 것을 후회한다. 끈적임 때문에 잘 바르지 않는 분들이 많은데, 요즘에는 산뜻한 제형으로도 제품이 잘 나오니 하루라도 빨리 선크림 바르는 것을 습관으로 들이자.

30대 시술과 케어

30대에 임신과 출산을 하고 나면 호르몬에 변화가 생겨 멜라민이 올라와 기미가 쉽게 생긴다. 그래서인지 이 시기에는 유독 미백에 집착하는 경우가 많은 것 같다. 게다가 경제적으로도 여유가 생기다 보니 피부과에 가서 IPL 등 기미를 제거하는 시술도 많이 받는다. 그런데 피부과에 간다고 해서 무조건 피부가 좋아질 거라고 생각하면 오산이다. IPL은 피부를 얇게 깎는 것이나 마찬가지이기 때문에, 햇볕을 받으면 오히려 피부가 건조해지고 기미는 더 선명해질 수 있다. 기미를 없애고 싶으면 일단 수분크림을 충분히 바르는 등 수분 케어에 더 신경 쓰자. 보통 시술을 받더라도 재생이나 수분 등 피부 관리를 병행해야 하는데, 그 부분을 간과하는 분들이 많다. 단순히 '이거 하나만 하면 만사 OK'식의 시술은 경계해야 한다.

40대 꾸준한 관리

40대가 되면 조금씩 피부가 꺼지고 처진다. 이마부터 주저앉기 시작하면서 볼이 꺼지고, 심술보가 나오며 그게 턱에 맺힌다. 특히 눈가와 목은 피부 중에서도 가장 얇고 모공이 없는 부위라서 더욱 힘이 없어진다. 이 모든 게 나이가 들면서 생기는 자연스러운 변화로, 피부 콜라겐이 체력이 떨어져 줄기 시작했다고 보면 된다. 그렇다면 우리는 이때 할 수 있는 한 모든 영양과 탄력을 피부에 넣어줘야 한다. 나이가 들면 자연히 뱃살이 나오고 엉덩이가 처지게 되지만 운동을 꾸준히 하면 탄탄한 몸매를 유지할 수 있는 것처럼, 피부의 자연스러운 변화도 꾸준한 관리를 통해 극복할 수 있다.

우리 한번 피부 나이 되돌려볼까?

두피가 말랑해야 머릿결도 말랑하다

　　나이가 들면 점점 머리카락이 얇아지고 볼륨이 꺼지면서
숱이 줄어들게 된다. 그래서 볼륨에 대한 욕구가 강해질 수밖에
없는데, 피부가 건강해야 탄력이 생기는 것처럼 두피가 건강해
야 머리카락에도 볼륨이 생긴다. 그래서 두피 관리는 피부의 연
장선이라고 생각해야 한다. 얼굴이 처지는 이유도 이마부터 처지
는 것이 아니라 정수리에서부터 피부가 늘어 힘이 없어지는 것이
다. 그래서 얼굴 리프팅도 사실상 두피부터 이마, 눈까지 차근차
근 당겨 올라가게 하는 원리라고 생각하면 된다.

　　두피는 기본적으로 항상 말랑말랑해야 한다. 그래야 두피
가 머리카락을 쫀득하게 꽉 잡아줄 수 있는데, 그렇지 않으면 모

공이 벌어진 채로 머리카락이 쑥쑥 빠지게 된다. 그런데 사실 두 피는 일부러 만지지 않고서야 거의 아무런 자극을 받지 않는 부위라서 의식적으로 골고루 자극을 주는 게 중요하다. 그래서 손가락 끝으로 두피를 부드럽게 마사지해주고, 머리를 자주 빗어주는 것이 좋다.

경험한 분들은 알겠지만, 특히 여성은 출산을 하고 나면 탈모가 어마어마하게 진행된다. 배 속의 아기가 약 5개월까지는 엄마의 몸에서 필요한 영양분을 빨아들인다고 한다. 그때 머리카락이나 치아 건강까지도 엉망이 된다. 머리카락은 힘이 없고 피부는 푸석해진다. 나는 다행히도 머리숱이 많은 편이라 탈모 스트레스는 없었는데, 출산 후 거의 다시 태어나는 수준으로 머리카락이 무섭게 빠지고 다시 자라는 과정이 반복됐다. 결국 머리카락이 엄청나게 부스스해져 티에스, 댕기머리, 닥터포유 등 탈모 샴푸는 종류별로 다 써보기도 했다.

요즘에는 출산 외에도 스트레스성 탈모로 고민하는 분들이 많은데, 좋은 샴푸를 쓰는 것도 좋지만 제대로 씻는 습관이 훨씬 중요하다. 평소에 스프레이나 왁스 같은 헤어 제품을 쓰면 두피 모공이 막히게 된다. 피부에도 파운데이션을 오래 바르고 있으면 뾰루지가 생기기 쉬운 것처럼 두피도 모공을 막아 놓으면 결국 탈모로 이어진다. 그래서 머리에 제품을 바른 날은 반드시 자기 전에 머리를 감아 모공이 다시 숨 쉴 수 있도록 해야 한다.

　　　우리 한번 피부 나이 되돌려볼까?

그리고 꼭 스프레이나 왁스를 쓰지 않았더라도 나는 아침보다 밤에 머리 감기를 추천한다. 왜냐하면 온종일 돌아다니며 내 두피와 머리카락에 쌓인 노폐물과 먼지를 씻어내야 자는 동안 두피도 재생 활동을 원활하게 할 수 있기 때문이다.

두피와 머리카락은 우리 신체 중에서 유독 열기구로 인한 손상이 자주 일어나는 곳이기도 하다. 나 같은 경우는 촬영이 있으면 방송 내내 머리에 뜨거운 조명을 쬐고 있어야 한다. 그래서 머리를 감을 때는 샴푸와 트리트먼트를 기본으로 사용하면서 몸을 씻는 동안 헤어팩을 해주기도 한다. 예전에는 헤어팩을 바르고 또 열을 가해야 흡수되는 식의 제품이 많아 번거로웠는데, 요즘에는 샤워하는 동안에 간단히 발라주기만 하면 팩 기능을 하는 간편한 제품이 많다. 르미네상스 헤어 클리닉 제품 중에 집에서도 헤어숍에서 관리를 받은 것처럼 효과를 낼 수 있는 제품이 있는데, 조금 귀찮긴 해도 부드러운 머릿결을 유지하는 데 탁월해서 즐겨 사용한다.

다만 머리를 감을 때 주의해야 할 점은 샴푸나 트리트먼트 성분이 얼굴 피부에 닿지 않도록 해줘야 한다는 것이다. 아무리 좋은 제품이라도 결국 세정 기능이기 때문에, 얼굴에 미끄러운 트리트먼트가 닿아 코팅되면 그 위에 아무리 좋은 기초 케어를 해줘도 소용이 없다. 그래서 머리를 숙여 최대한 머리카락에만 제품이 닿도록 하고, 마지막에는 폼클렌징으로 얼굴을 꼭 헹

귀줘야 한다.

그리고 중요한 한 가지! 머리를 감은 뒤에서는 반드시 바짝 말려야 한다. 특히 밤에 머리를 감고 바로 눕는 건, 젖은 세탁물을 옷장 서랍에 넣는 것과 같다. 머리를 빨리 말리고 싶다면, 드라이기만 사용하는 것보다 마른 수건으로 물기를 충분히 닦아준 다음에 드라이해주면 훨씬 빨리 말릴 수 있다.

우리 한번 피부 나이 되돌려볼까?

바이오얼스 샴푸 헤어 프로텍트 BIOEARTH Shampoo Hair Protect

미세먼지 때문에 샴푸와 바디워시에 대한 니즈가 상당히 다양해졌다. 얼마 전 신사동 가로수길에서 이탈리아 무역공사가 주최한 행사에서 이탈리아 브랜드가 다양하게 등장했다. 그중 헤어 전문 브랜드인 바이오얼스는 샴푸 마니아인 지인이 적극 추천한 제품이다. 산타마리아 노벨라, 안눈치아타 등의 이탈리아 정통 브랜드를 좋아하는 사람이라면 안전한 성분의 바이오얼스도 사용해보길 추천한다.

코트릴 헤어 샴푸 COTRIL Hair Shampoo

헤어 케어 전문 브랜드로, 동가게TV에서 우리나라 최초로 소싱해 소개했다. 베니스 국제 영화제, 칸 영화제 공식 스폰 브랜드로 활동한다. 특히 모발이 가늘고 힘이 없는 분들에게 추천할 만큼 볼륨감이 좋은 제품이다.

나는 욕실에서 힐링한다

　　나이가 들면 바디 피부도 노화되면서 천연보습인자가 줄어들고 표피 세포의 재생 능력이 떨어진다. 한마디로 탄력이 떨어지고 건조해지기 때문에 바디 케어 역시 중요해진다. 나는 방송에서 몸을 부위별로 클로즈업해야 할 때가 많아서 특히 꼼꼼히 관리하는 편이다. 거울에 몸을 비춰보고 작은 변화도 눈여겨 체크한다. 목욕을 하고 몸에 로션을 바르는 과정은 바디 케어를 하는 동시에 일과를 마치고 온전히 나 자신의 존재에 집중하는 시간이기도 하다.

　　솔직히 바디 제품만으로 '짠!' 하고 새로 태어나는 정도의 극적인 변화를 바라는 건 욕심이다. 물론 기능적인 역할도 있지만, 개인적으로는 작은 소비로 큰 만족감을 얻을 수 있는 영역이라는 데 포커스를 두고 싶다. 일단 제품 케이스가 예쁘고 좋은 향이 나면 나 스스로를 공주 대접해주는 것 같기도 하고, 씻는 과정 자체가 즐거워진다. 마트에 가면 저렴한 바디 제품이 널렸는데 왜 고르고 골라 돈을 쓰나 생각할 수도 있겠지만, 이렇게 소소한 하나하나가 내 행복 지수를 올린다. 매일 씻을 때마다 큰 만족을 누릴 수 있다면 충분한 가치가 있지 않을까?

저녁에 씻자

씻는 타이밍에 있어 사람들의 유형은 크게 둘로 나뉜다. 아침에 샤워하는 사람과 저녁에 샤워하는 사람. 우선 나는 후자로 이왕이면 다들 저녁에 하기를 추천한다. 일단 사람이 움직이면 당연히 땀이나 유분이 생긴다. 그런데 이걸 씻어내지 않고 잠자리에 든다면 당연히 피부는 좋아질 수 없다. 주변에서 유독 뾰루지가 자주 나는 사람들을 보면 아침에 샤워한다는 경우가 많다. 피부를 위해서는 항상 깨끗하게 씻고 자야 한다는 것을 기억하자.

뜨거운 물이나 열을 피하자

피부와 머리카락에 뜨거운 물이나 열을 가하는 것은 절대 금물이다. 최대한 미지근한 물로 씻고, 특히 머리에 바른 트리트먼트를 씻어낼 땐 살짝 차가운 물을 쓰는 게 좋다. 사우나도 피부에는 최악이니, 사우나실에서 모래시계를 몇 번이나 뒤집으며 버티는 건 정말 하지 마시길! 정 어떻게든 해야겠다면 얼굴에 찬 수건을 두르고, 머리카락도 수건으로 둘둘 말고 하는 게 그나마 최소한의 방어막이다.

발도 관리가 필요하다

우리 몸에서 발은 다른 부위와 달리 피부가 쉽게 뻣뻣해지고 두꺼워진다. 일반 로션은 흡수가 잘 안 되기 때문에 불필요한 각질을 녹여주고 뻣뻣한 피부에도 착 흡수되는 전용 제품으로 케어해주는 게 좋다. 손발이 차가운 분들이 많은데 수족냉증은 족욕을 자주 해주면 좋다. 나도 반신욕은 번거로워서 자주 하지 않지만 족욕은 생각날 때마다 하는 편이다. 특히 소금이나 유칼립투스 가루를 녹여서 하면 혈액 순환의 효과를 배로 올릴 수 있다.

우리 한번 피부 나이 되돌려볼까?

아베다 스무딩 바디 플리쉬 AVEDA Smoothing Body Polish

무난한 바디 스크럽 제품이다. 제형이 살짝 되직한데 물과 섞으면 금세 부드러워진다. 라벤더 향으로 사용할 때마다 스파에 온 듯한 기분이 든다.

크나이프 KNEIPP 바디워시와 입욕제

건강을 위한 자연 테라피 크나이프 요법으로 유명한 브랜드이다. 향이 정말 좋아서 사용할 때마다 힐링이 된다. 종류도 다양해서 취향에 따라 골라 사용할 수 있다.

불리 1803 BULY 1803 바디로션과 바디오일

피부 윤기와 보습력을 탄탄하게 지켜주는 제품으로, 디자인도 예뻐서 여성들에게 인기가 많다. 제일 유명한 향이 이끼향인데 이름만 들으면 매우 독특할 것 같지만, 막상 바르면 살냄새 같이 향긋하다. 피부가 많이 건조한 분들은 바디로션과 오일을 같이 사용하면 보습과 향기, 두 마리 토끼를 모두 잡을 수 있다.

아하바 미네랄 바디로션 AHAVA Mineral Body Lotion

이스라엘 사해 미네랄 성분이 들어가 제품력이 뛰어나다. 보습력도 탁월해서 따로 오일을 바르지 않아도 당김이 없다. 다만 사용 권장기한이 짧으니 개봉하면 빨리 사용해야 한다.

우리 한번 피부 나이 되돌려볼까?

TIP 버리기 아까운 화장품, 몸에 쓰자

화장품은 유통기한이 지나면 무조건 버려야 한다. 특히 차에 두는 화장품들은 온도가 오락가락하기 때문에, 좀 썼다 싶으면 유통기한이 지나지 않았어도 버리는 것이 좋다. 하지만 가끔 유통기한이 조금밖에 지나지 않아 버리기 아깝거나 얼굴에 바르려고 샀는데 생각보다 효과가 좋지 않은 화장품은 아끼지 않고 몸에 바른다.

쇼호스트 직업 특성상 많은 제품을 제안 받는데, 효과가 별로여서 거절하는 제품은 일명 '꿈치 크림'이라고 부르기도 한다. 버리긴 아깝지만 얼굴에 바를 정도는 아니라서 팔꿈치나 발뒤꿈치에 사용하기 좋다는 뜻이다.

바디 제품은 특별한 기능이 있는 것보다 주로 보습력과 향에 집중하기 때문에 나는 남는 크림이나 얼굴에 바르는 영양크림을 몸에 바를 때도 많다. 얼굴은 매일 거울로 보기 때문에 열심히 관리하면서도 상대적으로 몸은 신경을 덜 쓰다 보면, 어느 순간 얼굴과 팔꿈치 피부의 차이가 크게 벌어져 있다. 그렇기에 저가 화장품이나 다소 질이 떨어지는 영양크림은 몸에 듬뿍듬뿍 발라주면 좋다.

깨끗한 치아가 좋은 인상을 만든다

나는 항상 시간에 쫓기고 긴장하는 게 오랫동안 몸에 배다 보니 그게 치아 건강에도 영향을 미쳤다. 승무원으로 일할 때는 정말 밥을 빨리 먹어야 했다. 국내선은 서울에서 제주, 제주에서 부산 그리고 다시 서울, 이런 식으로 하루에도 세네 번을 비행할 때도 있다. 그 중간중간의 짧은 휴식시간에 막내 승무원은 선배들 식사를 다 세팅한 뒤에 후다닥 밥을 먹고, 또 제일 먼저 일어나야 한다. 그러니까 씹기는커녕 거의 마시듯 음식을 입에 넣고 일어나는 식이었다.

쇼호스트가 되고 나서도 갑자기 생방송이 펑크나거나 방송사고가 날 때가 있어 새벽에 잠을 자다가도 회사에서 전화가 오면 벌떡 일어나야 했다. 이렇게 긴장하는 시간이 많다 보니 잘 때도 이를 악물고 자는지, 치과의사 선생님께서 내 치아를 보시고는 뭘 그리 이를 악물고 사느냐며 물으셨던 기억이 난다. 아무튼 지금은 무의식중에 이를 꽉 물지 못하도록 마우스피스 같은 걸 끼고 자기도 한다.

타고난 치아도 한 번 망가지면 다시 되살릴 수 없기 때문에 정기적으로 관리해주어야 한다. 자주 양치질을 하더라도 칫솔질이 잘못되었거나 제대로 입안을 헹궈주지 않으면 오히려 치아 건강을 방해하는 요소가 되기도 한다. 또 여성들은 임신을 했을 때 호르몬 변화로 잇몸에 세균이 번식하기 쉬운 환경이 된다고 한다. 그래서 출산하고 나면 잇몸이 약해지고 치석이나 충치가 쉽게 생길 수 있기 때문에 특히 신경 써서 치과 검진을 받는 것이 좋다.

나 역시 주기적으로 치과에 가는 편인데 의사 선생님이 잇몸 건강을 위해 추천해주신 제품이 수용성 프로폴리스이다. 칫솔질할 때 치간 칫솔을 꼭 사용해야 하는데, 치간 칫솔에 프로폴리스를 묻혀서 치아 사이사이의 잇몸을 마사지해주면 효과가 정말 좋다. 잇몸이 건강해야 치아를 튼튼하게 붙잡고 있을 수 있기 때문에, 칫솔질할 때는 치아 자체보다 잇몸에 더 공을 들여야 한다.

나는 칫솔뿐 아니라 치약에도 신경을 많이 쓰는 편인데, 치약은 생각보다 적은 양을 사용해야 하고, 사용 후에는 정말 많이 헹궈야 한다. 우리나라 사람들은 치약을 쓰고 나면 입안이 화해지는 걸 좋아하는데, 화하지 않고 오히려 밍밍하게 느껴지는 제품을 쓰는 게 좋다.

치아는 사람의 첫인상에 굉장히 큰 영향을 준다. 아무리 예쁘고 고운 얼굴이라도 치아가 누렇게 변색되어 있으면 깨끗한 인상을 주기 어렵다. 요즘에는 치과에서 미백 관리를 간편하게 할 수 있으니 치아 변색이나 치석 관리를 칫솔질로만 해결하려 하지 말고, 치과를 주기적으로 다니며 필요한 도움과 검진을 받도록 하자. 대부분 사람들이 치과 가기를 무서워하는데, 그 이유는 치과 자체가 무섭다기보다는 너무 오랫동안 치료를 방치한 탓에 오는 후폭풍 때문일 것이다. 미리미리 검진을 받는다면 정작 큰일은 일어나지 않는다는 것을 기억하자.

우리 한번 피부 나이 되돌려볼까?

마비스 MARVIS

마비스 치약은 이탈리아에 가면, 무조건 사오는 치약이다. 안심 성분으로 되어 있어서 자극적이지 않고 입안이 편안하다. 또한 종류가 다양해 취향에 따라 고를 수 있다.

프로비 프로폴리스 PRO BEE Propolis

한 번만 사용해도 효과가 바로 나타난다. 부었던 잇몸이 가라앉고 건강해진다. 귀찮기는 해도 효능이 눈에 보이니 꾸준히 하게 된다. 수용성이라 치아에 색상이 물들지 않으니 걱정하지 않아도 된다.

얼굴만 리프팅? 몸도 매일 처지고 있다

얼굴에만 신경 쓰다 보면 몸이 처지는 걸 놓칠 수 있다. 얼굴만 늙는 건 아니니까. 살펴 보면 등살이나 엉덩이 살도 착실히 처지고 있다. 아마 목이 360도 돌아간다면 처진 엉덩이와 등살에 다들 깜짝 놀랄 거다.

특히 나이가 들면 무릎 뼈 바로 위에 살이 맺히며 처지는 걸 느끼게 된다. 무릎을 보면 여자 나이를 알 수 있다고도 하는데 무릎에 주름이 생기고 살이 처지기 때문이다. 주변에서 종종 "너는 무릎이 어떻게 이렇게 동그랗고 하얘?"라고 신기해 하는데, 조금 과장하는 것처럼 보일 수도 있지만 "무릎에도 영양크림을 바르거든." 하고 대답한다. 게다가 주름뿐 아니라 점점 까매지기 때

우리 한번 피부 나이 되돌려볼까?

문에 미백 제품도 틈틈이 발라준다.

특히 홈쇼핑 방송을 진행하면서 치마도 입고, 반바지도 입다 보니 무릎 쪽이 클로즈업되는 경우가 많아서 자연히 바디 리프팅에도 신경을 많이 쓰게 되었다. 내가 특히 효과를 많이 본 건 경락 마사다. 우리나라에서는 보통 압점을 잡아 시원하게 누르는 걸 경락이라고 하는데, 해외 에스테틱에 가보면 우리나라 경락 마사지가 최고인 듯싶다.

경락의 포인트는 바로 순환이다. 순환이 되지 않으면 뭉침이 고일 수밖에 없듯이, 몸을 골고루 순환시켜 건강하게 만들어주는 것이다. 나는 경락을 받고 나면 방송에 들어갈 때 카메라 감독님들이 바로 알아볼 정도로 효과가 좋은 편이다. 경락은 강도나 기술도 중요하지만 어떤 제품을 사용하는지도 중요하다. 기능이 떨어지는 제품으로 기술에만 의존하는 것보다 좋은 제품으로 마사지를 하는 게 훨씬 효과가 좋기 때문이다.

내가 꾸준히 다니고 있는 단골 에스테틱에서는 발몽 VALMONT 제품으로 머리끝부터 발끝까지 림프 경락 마사지를 해준다. 림프 경락은 세게 압을 주는 것뿐만 아니라 몸의 독소를 배출해주는 것이다. 나이가 들수록 몸에 보기 싫게 살이 찌는 부위가 겨드랑이 윗살, 팔뚝 아랫살, 옆구리와 허벅지 안쪽, 무릎 바로 위 같은 곳이다. 단순히 다이어트로만 해결할 수 있는 게 아니라 이런 부위는 림프 관리를 같이 해줘야 한다. 말하자면 림프는 우리 몸에서 독소가 모이는 곳이다. 쓰레기를 휴지통에 잔뜩 쌓아 둔다면 어찌 될까? 쓰레기를 버리듯 림프를 마사지해서 독소를 배출해줘야 몸이 순환되며 몸매도 예뻐지는 것이다.

우리 한번 피부 나이 되돌려볼까?

얼굴 경락을 받을 땐 두피와 이마부터 터치하여 마사지를 시작하는데, 두피의 혈액 순환이 잘돼야 모발이 건강해지고 얼굴도 리프팅이 된다. 두피와 얼굴은 항상 세트라고 생각하며 관리해야 한다. 그리고 눈이 처지면 정말 나이 들어 보이기 때문에, 눈 근처의 추미근, 인중, 입 양옆의 일명 마리오네트 주름도 같이 리프팅해주는 게 중요하다.

몸에서는 쇄골, 겨드랑이, 사타구니, 무릎 뒤쪽을 자주 마사지해줘야 팔다리가 얇아지고 라인이 예뻐진다. 나는 평소에도 서혜부(아랫배와 접한 넓적다리 주변)가 접혀 있지 않도록 마사지나 스트레칭으로 자주 풀어주고, 잘 때는 절대 꽉 끼는 속옷을 입지 않고 트렁크나 노라인 속옷을 입는다.

림프는 집에서 혼자 틈틈이 마사지해줘도 아주 좋다. 림프가 생각보다 약하기 때문에 탁탁 때리거나 기구를 사용하는 것보다 부드럽게 손으로 마사지하는 것이 가장 효과적이다. 좋아하는 아로마 오일과 크림을 섞어서 살짝 주무르듯이 만져준다. 습관처럼 자주 해주면 노폐물과 함께 붓기도 빠지면서 몸의 순환을 이끌어줄 수 있다.

집에서 할 수 있는 셀프 림프 마사지

1. 손바닥을 턱에서 귀까지 쫙 올린 다음 귀를 잡고 쇄골로 바로 내려온다.

2. 집게손가락을 입안에 넣어 볼과 잇몸 안을 최대한 올려주며 문질러준다.

3. 눈썹 위아래로 추미근을 꾹 누르며 마사지해준다.

관리의 날, 나의 뷰티 스케줄

나는 매주 수요일마다 그 주의 스케줄이 나온다. 한 달 일정을 미리 알 수 있는 게 아니라서 월별 관리 루틴을 잡기는 어렵지만, 되도록 일주일에 세 번은 필라테스를 가고 한 달에 한 번은 피부과와 에스테틱을 가는 게 내가 지향하는 월별 루틴이다. 피부과 시술을 받고 나면 피부 재생을 위한 사후 관리도 필요하기 때문에 피부과에 다녀온 후에는 꼭 전문 에스테틱을 가려고 한다.

쉬는 날이 정해져 있지 않아서 이런 관리의 날을 규칙적으로 잡는 것은 아니지만, 웬만하면 지키려고 하는 편이다. 그래서 쉬는 날이 생기면 나를 위한 하루로 알차게 채워 보내느라 오히려 더 바쁘기도 하다. 그렇게 하루를 보내면 몸뿐만 아니라 마음도 릴렉스되는 기분이다. 평소에는 하루 종일 방송 스케줄에 미팅도 많아 머릿속이 복잡하다. 하지만 운동을 하거나 관리를 받을 땐 잠시나마 머릿속을 맑게 비울 수 있으니 참 여유롭고 재충전이 된다.

일상을 돌아보면, 의외로 나를 위해 시간을 온전히 사용할 수 있는 때가 많지 않다. 나이가 들수록 더 그렇다. 많은 여성들이 자신의 시간을 가족들에게 할애하고, 아무것도 하지 않는 시간을 아까워하기도 한다. 가끔은 나를 위해 투자하고 그렇게 충전한 에너지를 온전히 나를 위해 사용하면 어떨까. 꼭 돈을 들여 비싼 숍에 가는 게 아니더라도 하루 정도는 나를 위한 날로 정해서 오로지 내 몸과 마음을 위한 관리의 날을 보내 보았으면 좋겠다. 아껴놓은 입욕제를 꺼내 따뜻한 물에서 천천히 씻고, 여유 있게 마스크 팩을 하며 손톱에 영양제도 발라주는 것이다. 책을 읽거나 음악을 들으면서 복잡했던 머릿속을 잠시 텅 비워주는 것도 좋다. 멍하니 보내는 시간도 소중한 시간이다!

물론 그러다가 나 역시 금방 현실로 돌아와 바쁘게 일도 하고 아들도 챙겨야 하지만, 어제보다 조금 더 충전된 씩씩한 나 자신을 발견할 때면 어쩐지 뿌듯하다. 나 자신을 가장 잘 알고, 가장 공들여 보살피고 사랑해줄 수 있는 건 다름 아닌 나 자신이라는 것을 잊지 말자.

우리 한번 피부 나이 되돌려볼까?

매끄러운 몸매를 좌우하는 한 끗

옷이 얇아지고 짧아지는 계절이 되면 다이어트나 운동에 대한 관심이 높아지는 동시에 각종 제모와 셀룰라이트 관리에 온 신경이 쏠린다. 아무리 예쁘고 비싼 브랜드의 옷을 입었더라도 허벅지에 셀룰라이트가 있고, 종아리에 털이 삐죽 나와 있으면 어쩐지 자신감이 떨어진다. 지나치기 쉬운 부분이지만 단순히 다이어트만으로는 누구나 꿈꾸는 매끈한 몸매를 완성하기 어렵다. 미처 정리하지 못한 털과 해결하지 못한 군살이 걱정이라면 다음의 스텝을 참고해보자.

레이저와 병행하는 셀프 제모

여름을 맞아 많은 여성들이 제모 관리에 나서지만, 특히 쇼호스트는 화면에 클로즈업이 될 때가 많아 늘 각종 제모에 신경을 쓴다. 민소매 옷을 입고 제품을 드니까 겨드랑이 제모는 물론이고, 신발 방송을 할 때는 종아리가 클로즈업되기 때문에 다리털도 깨끗이 관리한다. 제품에 따라 인중이나 손가락 털까지 제모해야 하기 때문에 피부과에서 관리할 뿐만 아니라 집에서도 셀프 제모를 병행한다. 피부과에서 제모를 해도 한 번에 완벽하게 되는 것이 아니라, (사람에 따라 다르지만) 대략 10회 정도는 꾸준히 레이저 제모를 받아야 한다. 그렇게 피부과에서 제대로 제모 관리를 받고 나면 이후에는 집에서 셀프 제모기로 추가적인 관리를 해주는 것이 경제적이면서도 오래 유지할 수 있는 방법이다. 단, 집에서 셀프 제모를 할 때는 반드시 알로에수딩젤로 피부 자극도를 낮춰주어야 한다.

셀룰라이트, 포기하지 않는 게 핵심!

셀룰라이트는 보통의 지방과 다르다. 쉽게 말하면 지방과 노폐물이 엉겨 붙어서 훨씬 단단해지고 비대해진 것을 말한다.

우리 한번 피부 나이 되돌려볼까?

셀룰라이트가 생기면 피부가 보기 흉하게 울퉁불퉁해지는데, 살이 찌거나 마른 것과 상관없이 나이가 들면 노폐물이 많아져서 쉽게 생긴다. 그런데 흔히 이 셀룰라이트는 내 눈에 잘 보이지 않는 허벅지 뒤쪽이나 팔 아래쪽, 뱃살 같은 곳에 분포하다 보니 꾸준히 관리해주기가 어렵다. 눈에 보이는 얼굴 주름은 열심히 관리해도, 눈에 잘 띄지 않는 셀룰라이트는 관리에 소홀해지고 금방 포기하게 된다. 나 역시 슬리밍 크림 등 다양하게 제품을 사용해봤지만, 끝까지 쓰지 못하고 중간에 멈춘 경우가 대부분이다. 그래서 지금은 셀룰라이트 관리 오일을 아예 욕실에 두고 보습 로션 바르듯이 전신에 발라준다. 특별히 관리라고 생각하지 않고, 바디로션을 바른다는 생각으로 꾸준히 발라주는 게 핵심이다. 피부과가 편리해도 아침저녁으로 매일 갈 수는 없는 노릇이니, 집에서 할 수 있는 꾸준한 관리의 힘을 믿고 실천해야 한다.

실큰플래시앤고 프리덤 제모기 SILK'N F&G Freedom Professional Hair Removal

내가 주로 사용하는 제품인데, 몸에 대고 버튼을 누르면 번쩍 빛이 나면서 레이저가 털을 태워주는 방식이다. 팁 사이즈가 다양한데, 작은 건 미간이나 인중에도 쓸 수 있다. 앞머리 라인이나 머리 뒤쪽의 잔머리도 깔끔하게 정리하기에 좋다.

크나이프 그레이프 씨드 오일 KNEIPP Grape Seed Oil

고급 호텔에서도 사용하는 마사지 오일로, 나는 보이지 않는 셀룰라이트를 공략할 수 있도록 매일 전신에 발라준다. 첨가물이 없어 향이 좋지는 않지만 매일 몸에 바르는 제품이니 향료 등 불필요한 성분은 없는 편이 낫다. 흡수도 빠른 편이라 미끈거리지 않아 추천한다.

TIP 5분 만에 완성하는 몸매 보정 아이템

※ 압박스타킹

오래 앉아 있으면 아래로 내려간 피가 펌핑되어 올라오지 않고 머물고 있으면서 다리가 쉽게 붓는다. 이때 압박스타킹으로 종아리를 꽉 조여주면 그 힘을 받아서 피가 펌핑되어 올라와 붓기를 줄여주는 효과가 있다. 나는 집에서도 압박스타킹을 신고 있을 때가 많고, 방송하기 전에도 착용해 다리가 붓는 걸 예방해준다. 오래 서 있어야 하는 일을 하시는 분들에게는 필수로 추천하는 아이템이다. 유발 타입으로 나오는 제품을 써보니 너무 답답해서 발 부분을 자르기도 했는데, 요즘에는 종아리 부분만 감싸는 제품도 많다.

곧 방송에 들어가야 하는 상황에는 임시방편으로 의자에 꿇어앉는다. 메이크업이나 머리를 손질할 때 무릎을 꿇고 앉아 내 몸으로 종아리를 눌러 압박해주는 것이다. 압박스타킹이 없을 때 빠르게 다리 붓기를 뺄 수 있는 방법이다.

※ 거들

스팽스SPANX 거들은 한창 할리우드 스타들이 레드카펫에서 무조건 입는다고 해서 유명해지기도 했다. 거들을 잘못 입으면 오히려 몸 여기저기가 불룩하게 튀어나오기도 하는데, 이 제품은 굉장히 얇으면서도 몸매를 매끄럽게 보정해준다. 길이가 다양한데 가슴 바로 아래 늑골까지 오는 제품은 특히 얇은 여름 원피스를 입을 때 활용하기 좋다.

우리 한번 피부 나이 되돌려볼까?

2019년 프랑스 센강, 유람선에서의 만찬.
(왼쪽부터) 전 프랑스 화장품 협회 대표, 캐롤프랑크 전담 마케터, 캐롤프랑크 대표와 함께.

매거진 〈코스모폴리탄〉과 함께한 칸 화보촬영.

WANNABE

DONG

JI HYUN

Chapter 2.

미모는
타고난다는
거짓말,
믿는 거 아니지?

피부 미인으로 다시 태어나기

　　20대에는 젊음 그 자체가 주는 풋풋한 아름다움이 있다면, 40대가 넘은 여성은 수년간 쌓아온 나 자신에 대한 데이터를 바탕으로 노련한 관리를 통해 또 다른 아름다움을 누릴 수 있다. 내가 항상 강조하는 것이 피부는 반드시 투자와 노력 대비 결과를 보여준다는 것이다. 사실 40대가 되면 피부 노화가 점차 빨라지고 내가 알고 있던 피부 상태가 갑자기 달라지거나, 그동안 효과가 있던 관리법이 어느 순간부터 통하지 않기도 한다.

　　그럴 땐 가능하다면 피부 전문 기관에서 전문가의 도움을 받아 올바른 관리를 병행하는 것이 현명하다. 건물에 빗대어 설명한다면, 표피를 10층이라고 하고, 피하지방층을 1층으로 하여 층층이 나뉘어 있다고 생각해보자. 10층부터 6층 정도까지는 화장품이 침투하여 관리할 수 있지만, 6층부터 가장 아래층까지는 피부과에서 관리할 수 있는 범위라고 생각하면 된다. 그러니까 가장 좋은 건 집에서 하는 관리와 피부과에서의 관리를 병행하는 것이다.

나는 30대부터 에스테틱과 피부과에 다니면서 무조건 영양, 탄력, 리프팅에 집중했다. 대단한 피부 관리가 아니더라도 동네 작은 에스테틱에라도 가서 케어를 받으면 당연히 훨씬 도움이 된다. 다만 그것만으로 충분하다고 생각하면 안 된다. 관리를 받는 것만으로 무조건 피부가 좋아지는 것이 아니고, 스스로도 에센스나 영양크림 등을 꾸준히 발라 좋은 재료를 피부 속 깊이 채워주어야 한다. 전문 기관의 기술과 좋은 화장품의 콜라보가 이루어져야 최상의 시너지가 나는 것이다.

나는 개인적으로 음식과 피부에는 돈을 아끼지 않아야 한다고 생각해서 실제로 피부 관리에 많이 투자하는 것도 사실이지만, 아무리 돈을 들인다 한들 내가 부지런하지 않으면 실제로 효과를 보기 어렵다. 피부과도 갈 수 있으면 가되, 나에게 어떤 시술이 적절하고 또 어떻게 해야 하는지에 관해서도 많은 공부가 필요하다.

다만 100% 완벽한, 결점 없는 피부에 대해 강박을 갖지는 않았으면 좋겠다. 피부 단점은 메이크업으로도 어느 정도 가릴 수 있다. 건강한 피부를 갖는 걸 기본으로 하되, 내 얼굴에 맞는 전체적인 스타일을 찾는 것이 좋다. 무조건 예뻐지는 것보다는 젊은 피부, 두꺼운 모발, 튼튼한 체력 등 내 몸의 건강한 컨디션을 유지하면서 가꾸는 것이 결국 동안 미인의 비결이다.

피부과가 처음인 당신에게

　　피부과에서 시술이나 관리를 받아보고 싶은데 무엇부터 해야 할지 전혀 감이 잡히지 않는 분들에게는 비타민 관리를 먼저 추천하고 싶다. 비타민은 피부에 있어 기본 중의 기본으로 수분, 탄력, 광택을 준다. 지금의 나는 하얀 피부를 가지고 있지만 예전에는 구릿빛 피부가 부러워서 일부러 선탠을 해 피부를 태우곤 했다. 그래서 승무원 시절에는 얼굴이 까무잡잡해 파운데이션을 23호로 썼는데, 비타민을 비롯한 미백 관리를 꾸준히 해서 지금은 21호를 쓴다. 그래서 미백 제품 방송을 할 때, 관리하면 반드시 된다고 말한다. 내가 실제로 겪어봤기 때문에 확실하게 말할 수 있다. 피부과 입문자라면 이렇게 기본적으로 비타민 관리를 시작하면서 점차 재생 관리로 넘어가는 것을 권한다. 물론 자신에게 필요한 부분은 결국 본인이 가장 잘 알기 때문에, 병원에서 내 피부에 대해 의사와 직접 상담하고 결정해야 한다.

사실 제일 접근성이 좋고 쉽게 시작할 수 있는 시술이라면 역시 필러나 보톡스일 것이다. 우리나라 사람들은 성격이 급한 편이라서 그런지, 필러를 맞고 그 즉시 주름이 펴지는 효과를 보는 걸 좋아하는 것 같다. 다만 개인적으로 권장하는 시술은 아니다. 필러는 시간이 지나면 결국 없어지게 되는데, 그게 골고루 없어지는 게 아니라 아스팔트에 눈 녹듯이 어디는 남아 있고 어디는 사라지는 등 피부가 울퉁불퉁하게 된다. 나중에 피부가 얇아지면 그게 육안으로도 보일 정도이다.

필러는 이를테면 찰흙과 비슷하다고 생각하면 된다. 손으로 만져서 넓적하게 착 붙어야 하는데, 그게 잘 안 되면 동그랗게 덩어리로 굳어버린다. 또 생각보다 무거워서 피부가 얇으면 뚝 떨어지듯 처지게 된다. 나도 필러를 맞아봤는데 피부가 얇다 보니 눈 밑에서 그게 툭 튀어나온 것처럼 보였다. 결국 나랑은 맞지 않아서 지금은 필러를 맞지 않는다. 그래도 팁을 준다면 필러는 콧대처럼 딱딱하게 서야 하는 부위에서는 고정되지 않고 녹아내리기 때문에, 넓게 펴져야 예쁜 부위에 시술하는 게 낫다.

보톡스는 입가의 주름을 펴거나 턱 근육이 과도하게 발달해 생긴 사각턱을 완화해주는 시술인데 이것 역시 추천하지 않는다. 살이 바짝 붙어 있으려면 근육이 마비되지 않아야 한다. 턱이나 광대에 근육이 버티고 있어야 지방이 힘없이 흘러내리지 않는 것이다. 사실 가장 간단한 시술인 필러와 보톡스가 나에게 잘 맞지 않다 보니 다양한 시술을 더 알아보고, 손이 가더라도 다른 피부 관리를 열심히 병행하게 된 것도 있다. 그러니 빠르게 결과를 볼 수 있다고 무조건 성공적인 시술이라고 생각하지 말고, 내 피부에 맞는지부터 의사 선생님과 신중하게 상담해보길 권한다.

무엇보다, 유행하는 시술이라고 해서 마냥 따라해서는 절대 안 된다. 예를 들어 프락셀은 피부를 재생시키는 해결책처럼 홍보하는 곳이 많은데, 실은 피부에 억지로 구멍을 뚫어 재생을 시키는 것이다. 아스팔트에 얼굴을 비비는 것과 똑같기 때문에 나처럼 약한 피부에는 금물이다. 특히 어릴 때는 몰라도 나이가 들면 자연 재생이 느려져 시술 후에 충분히 수분크림과 재생크림을 발라 관리해줘야 하는데 이 부분을 놓치는 사람들이 많다.

피부 리프팅이나 탄력을 주는 레이저 시술도 마찬가지다. 레이저 시술은 말하자면 나이가 들어 꾸벅꾸벅 졸고 있는 피부를 전기로 지져 번쩍 놀라게 만드는 것이다. 일시적으로 효과를 볼 수 있지만 그것만 믿고 몇 달 동안 또 피부를 방치하면 아무 소용 없다. 잘못하면 돈은 돈대로 쓰고 피부는 피부대로 망가지는 악순환이 되는 것이다. 난 오로지 시술만 믿고 선크림도 바르지 않는 젊은 친구들을 보면 정말 도시락이라도 싸들고 다니며 잔소리

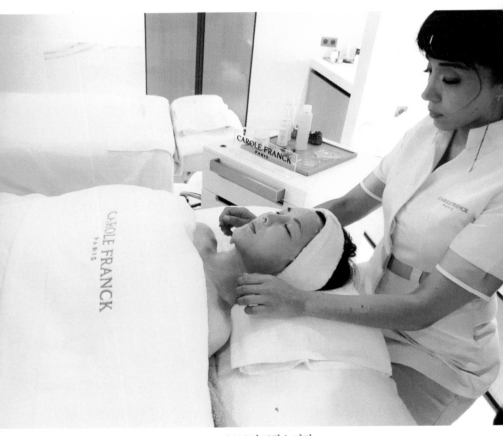

2019년 프랑스 파리,
파블로 피카소가 자주 묵었다는 뤼테세아 호텔의 캐롤프랑스 에스테틱에서.

를 하고 싶어진다.

처음에 아무런 계획 없이 피부과에 가면 보통 그곳에서 추천하는 코스를 하게 된다. 총 10회나 20회로 방문 횟수만 정한 뒤 "알아서 관리해드릴게요."라는 말에 모든 걸 병원에 맡기게 되는 것이다. 내가 가장 걱정하는 것이 바로 이 '알아서 해드릴게요.' 코스이다. 피부과에서 무조건 많이 해준다고 좋은 게 아니다. 내 피부 타입에 맞는 기계를 쓰는 것도 중요하고, 비싼 게 아니라 내 피부에 필요한 관리를 받는 것이 중요하다. 만약 우리가 평소 잘 가지 않던 프렌치 레스토랑에 갔다고 생각해보자. 무슨 재료를 썼는지도 모르면서 비싼 코스 요리를 시켜 게살 수프부터 먹어봤자 맛도 모르겠고 만족스럽지도 않다. 일단 유명한 일품요리 하나부터 제대로 맛보는 게 나은 것처럼 피부과도 마찬가지다.

여기가 탕수육 맛집인지, 랍스터 요리 전문점인지 정도는 미리 알아보고 가는 게 맛집을 찾는 방법인 것처럼, 피부과도 여긴 리프팅에 좋은 기계를 쓰는지, 지성 피부에 맞는 기계를 쓰는지 등을 알아보고 가는 게 좋다. 나는 피부과에 가면 원하는 기계를 콕 집어 상담하는데, 그러면 피부과에서 이런 분은 처음 본다며 놀랄 때가 많다. 그리고 한발 더 나아가 의사 선생님이 얼마나 촘촘한 기술을 가지고 있는지도 알아보길 바란다.

미모는 타고난다는 거짓말, 믿는 거 아니지?

돈 좀 써본 언니가 추천하는 피부과 시술

탱탱하고 윤기 있는 피부를 만드는 대표적인 레이저 시술은 울쎄라와 써마지다. 피부과에서 선생님들이 가장 많이 듣는 질문 중 하나가 "울쎄라가 좋아요? 써마지가 좋아요?"라고 한다. 여유가 되면 둘 다 하는 것이 가장 좋지만, 얼굴에 살이 있고, 피부 처짐이 깊은 타입이라면 울쎄라를, 얼굴 살이 없고 피부가 얇은 타입이라면 써마지를 추천한다. 물론 이론적인 것보다는 전문가와 직접 상담하는 것이 필수다. 나는 주로 써마지를 하는 편이고, 개인차가 있겠지만 한 번 받으면 약 10개월 정도 지속되는 느낌이다. 명심해야 할 것은 어쩌다 한 번씩 한다고 해서 무작정 세게 시술 받는 것이 아니라 적절한 강도로 조율해야 한다는 것이다.

그리고 레이저 시술을 받은 뒤에 절대 잊지 말아야 하는 게 바로 재생 관리다. 피부과에서도 사후 관리에 관해서는 잘 알려주지 않는 때가 많은데, 시술 후 피부가 재생하는 약 한 달 간은 정말 철저하게 피부 재생을 도와줘야 한다. 덧붙여 재생을 하려면 필요한 게 바로 수분이다. 재생과 수분 관리를 한 달 동안 번갈아 하면서 정말 열심히 해야 시술한 보람을 제대로 느낄 수 있다. 이걸 제대로 하지 않으면 열심히 운동하고 집에 와서 맥주에 소시지를 먹는 것이나 매한가지다.

미모는 타고난다는 거짓말, 믿는 거 아니지?

추천 시술

울쎄라

울쎄라는 돋보기가 빛을 모으는 것처럼 초음파를 모아 한 점에 강한 열을 주는 방식이다. 피부는 표피-진피-지방-SMAS로 이루어져 있는데, 가장 안쪽의 SMAS층에 응축된 열을 줘서 근막을 당겨 리프팅 효과를 낸다. 가죽의 한 지점을 불로 지지면 그 부분이 쪼그라드는 것과 같은 원리라고 보면 된다. 아무래도 피부 깊숙이 들어가기 때문에 리프팅 효과가 확실한 편이다. 참고로 600샷 이상으로 시술하면 피부가 붓기 쉬우니 적당한 강도로 하는 게 좋다.

써마지

써마지는 고주파 열에너지로 진피의 섬유아세포를 자극해 콜라겐, 히알루론산, 엘라스틴 등의 재생을 촉진하는 것이다. 리프팅의 강자가 울쎄라라면 써마지는 피부에 탄력과 윤기를 주는 리프팅 레이저 시술이다. 피부를 냉각시킨 뒤에 고주파를 쏘고 다시 냉각시키는 과정을 반복해 통증을 감소시켜 준다.

슈링크

슈링크는 울쎄라의 약한 버전이라고 생각하면 된다. 리프팅 시술은 금전적 여유가 된다면 울쎄라와 써마지를 둘 다 하는 게 좋지만, 써마지와 슈링크 조합도 추천한다. 참고로 이러한 레이저 시술 시에는 수면 마취를 하지 않는 게 좋다. 그리고 보통 의사 선생님이 알아서 고르게 해주시는데, 내 피부는 내가 가장 잘 알기 때문에 어느 부위는 더 해주세요, 하는 식으로 요청하는 게 좋다.

비추천 시술

물광 주사

체내 수분의 20~30배 수분을 함유한 히알루론산을 피부 진피층에 직접 주입하는 주사로, 맑고 탄력 있는 피부를 만들어준다. 보톡스와 비슷한데 부분적으로 시술하는 게 아니라 얼굴 전체에 적용되는 시술이라고 보면 된다. 시술 후에는 피부에 광이 돌긴 하는데 금방 없어져서 개인적으로는 추천하지 않는다.

윤곽 주사

피하지방층의 지방을 녹이고 혈액 및 림프 순환을 촉진해 지방과 체내 노폐물이 잘 배출되도록 돕는 시술이다. 결국 얼굴의 불필요한 지방을 제거해 라인을 다듬어주는 것인데, 개인적으로 지방 분해보다는 얼굴의 근육 유지와 탄력을 중요하게 생각하는 편이라 윤곽주사를 맞아본 적은 없다. 스테로이드제를 섞는 병원도 있으니 시술 시에 확인해보는 것이 좋다.

기미 관리

한때는 IPL이 기미, 잡티를 없애준다고 유행했는데, 이 시술은 피부가 약한 사람에게는 절대 금물이다. 기미는 삼각형처럼 생겨 겉으로 꼭지점이 보이는 건데, 기계로 그걸 살짝 깎아내면 잠깐은 없어진 것 같아도 점점 더 크게 드러난다. 평생 선크림을 바르고 햇빛에 피부를 노출시키지 않을 자신이 있으면 몰라도, 그게 아니면 추천하지 않는다. 특히 건성 피부라면 기미가 더 짙어져서 평소에 수분이나 비타민 관리를 철저히 하는 게 더 중요하다.

모공 관리

모공은 역삼각형 깔때기처럼 생겨서 피부를 깎을수록 크기가 줄어들게 된다. 대신 피부가 얇아지기 때문에 면역 체계가 나빠질 수 있으니 피부를 깎는 시술은 가능한 하지 않는 것이 좋다.

마티스 블랙 라인MATIS Black Line

레이저 시술을 세게 받으면 피부가 자극을 받은 상태라서 세수
도 조심히 해야 한다. 이때 발라주는 제품이 피부 재생에 특화된
마티스 블랙 라인이다. 프랑스 화장품 협회에서 상도 받아 효능이 검증되기도 했다.

클랍 A 클래식 크림KLAPP A Classic Cream

재생라인으로 세럼, 크림, 아이크림 세 가지 세트로 구성되어 있
다. 피부과에 다녀온 날이나 필링 등으로 피부에 자극을 줬을 때
쓸 수 있는 전문적인 피부 재생 키트이다. 1번부터 3번까지 순서대로 쓰면 되고 합리
적인 가격으로 듬뿍 발라주기에도 부담 없다.

피부의 적신호, 그대로 두지 말자

30대 중반까지만 해도 내 컨디션이 피부로 잘 드러나지 않았는데, 40대부터는 스트레스를 많이 받거나 숙면하지 못하면 바로 낯빛부터 달라진다. 가끔 스케줄이 길어지거나 화장을 너무 오랫동안 하고 있었다 싶을 때도, 아니나 다를까 다음 날 얼굴에 뾰루지가 빼꼼 올라오곤 한다. 이때 보통 사람들은 바로 손을 댄다. 그러나 나는 절대 손을 대지 않고 바로 피부과로 달려간다. 1만 원 내외의 주사 한 방으로 그 어떤 뾰루지도 해결할 수 있다. 여성들이 늘 가까이 해야 하는 두 곳이 있다면 바로 피부과와 산부인과다. 꼭 사단이 벌어진 후에 간다고 생각하지 말고, '어라?' 싶을 때마다 가야 하는 곳이라고 생각했으면 좋겠다.

피부 잡티나 트러블을 줄이고 싶다면 근본적으로 기초 체력을 다지는 게 중요하다. 배가 불룩 나왔다고 해서 복부 운동만으로 쏙 집어넣을 수는 없다. 결국은 전신 운동을 해야 점차 배도 들어가고, 근육도 생기기 마련이다. 마찬가지로 피부 잡티는 건강하지 않을 때 더 두드러져 보인다. 잡티만 해결하려고 하지 말고 피부 수분도를 올리고, 건강부터 탄탄히 하겠다는 마음가짐으로 관리해야 한다.

화장품을 쓸 때도 처음 쓰는 성분이 들어 있다면 일단 팔 안쪽 부드러운 피부에 테스트해보고 안정성을 확인하는 게 좋다. 가끔 블로그나 유튜브를 보고 화장품을 직접 만들어 쓰는 경우도 있는데, 전문가가 아닌 이상 직접 제조하는 것은 추천하지 않는다. 식물성이고 천연이라고 해서 꼭 순한 것은 아니다. 생각보다 강한 유기농 제품도 많고, 성분 배합에 따라 독이 되는 제품도 있다. 성분과 조합에 대한 검증이 되지 않은 걸 얼굴에 바로 바르는 것은 정말 주의해야 한다.

미모는 타고난다는 거짓말, 믿는 거 아니지?

클랍 스킨 카밍 세럼 KLAPP Skin Calming Serum

가끔 필링제를 잘못 써서 얼굴이 벌겋게 올라올 때 약처럼 효과를 볼 수 있는 제품이다. 극민감성 피부도 데일리 세럼으로 사용하기에 좋다. 자가 개선능력을 높여 주어서 꾸준히 바르면 피부가 건강해진다.

용카 크림 15 YONKA Creme 15

피부 트러블이 올라왔을 때 도톰히 바르고 자면 다음 날 피부가 진정되어 있다. 질감이 살짝 되직한데 유연제가 같은 불필요한 성분 없이 순한 성분들로만 되어 있어서 피부가 극도로 예민한 사람들에게도 추천한다. 뷰티 프로그램에서 아이돌 스타가 쓴다고 해서 완판되기도 했다.

비가 오나 눈이 오나 바람이 부나, 365일 필수 보호막

오늘은 날씨가 흐리니까, 지금은 겨울이니까 선크림은 바를 필요 없다고 시원하게 생략해버린 적이 있는지 모르겠다. 하지만 잊지 마시길. 태양은 365일 하루도 거르지 않고 매일 뜬다. 내가 화장을 하지 않더라도 이것만큼은 언제나 필수여야 한다고 추천하는 게 있다면 두말할 것도 없이 선크림이다. 보호막도 없는 무방비한 얼굴로 자외선 아래에 서는 것은 절대 금물! 선크림은 내가 어릴 때부터 늘 잊지 않고 챙겨 발랐던 것으로, 아무리 강조해도 부족하다. 특히 선크림의 필요성을 더 절실하게 느낀건 승무원 시절 온갖 기온과 계절을 겪은 탓이었다.

나는 가뜩이나 건조한 피부인데 비행기를 타면 기내는 사

미모는 타고난다는 거짓말, 믿는 거 아니지?

하라 사막만큼이나 건조해서 피부가 찢어질 듯 아프다. 기내 2층에 승무원이 쉴 수 있는 벙커가 있어서 장시간 비행 시에는 두 시간 정도 잘 수 있는데, 그 사이에 물에 적신 수건을 걸어두어도 일어나 보면 바짝 말라 있다. 게다가 장시간 동안 화장을 지울 수도 없다. 무엇보다 한국은 겨울인데 갑자기 괌 같은 더운 나라로 비행을 가게 되면, 피부는 최악의 상태가 된다. 자고 있던 멜라민이 무방비 상태에서 깨어나 기미가 확 올라오기 때문이다. 그때부터 선크림을 신경 써서 골라 바르기 시작했다. 지금은 차단지수가 높은 제품이 많지만, 당시만 해도 보편적으로 SPF 30을 사용했는데 나는 SPF 50을 어렵게 구해 사용했다.

선크림은 물리적 작용으로 자외선을 차단하는 타입과 화학 작용으로 피부를 보호하는 타입으로 나뉜다. 물리적 차단제는 보통 하얗게 백탁 현상이 일어나는데, 많은 사람들이 이걸 불편하게 여긴다. 그런데 선크림을 발랐을 때 하얗게 흔적이 남는 것이 결국 자외선을 반사시키는 역할을 해서 오히려 차단 기능이 더 뛰어나다. 투명한 제품은 간편하고 손에 잘 묻어나지 않는 장점이 있지만 차단 기능은 떨어진다. 각자 취향이지만 나는 백탁 현상이 있더라도 차단이 잘되는 것을 고르는 편이다. 그리고 피부가 건조해서 텍스처가 약간 기름진 것을 좋아하는데, 지성 피부라면 매트한 제품을 선택하면 된다. 물처럼 찰랑거리는 제형은 수분이 많을 것 같지만 시간이 지나면 오히려 피부가 당길 때가

있어서 개인적으로 선호하지 않는다.

　파운데이션은 백화점에서 꼼꼼히 비교하고 구매하면서 선크림은 아무거나 대충 사서 쓰는 사람들이 많다. 선크림도 피부 타입에 따라 종류가 다양하니 자신에게 맞는 것을 골라 잊지 말고 늘 챙겨 바르자. 피부를 젊고 건강하게 유지하고 싶다면 선크림만큼은 무엇보다 열심히, 그리고 자주 덧발라줘야 한다. 365일 사계절 내내, 비가 오나 눈이 오나 바람이 부나 절대로 잊지 말자.

마티스 씨티 선 베일 50 MATIS City Sun Veil 50

보통 에스테틱에서는 관리 후, "어디까지 발라드릴까요?"라고 물어본다. 실컷 피부에 영양을 넣어주고 성능이 떨어지는 선크림으로 마무리할 리 없다. 그래서 마티스처럼 에스테틱 브랜드에서 나온 선크림은 영양 면에서 안심하고 쓰는 편이다. 특히 이 제품은 복숭아 색상으로 살짝 톤업도 해줘서 즐겨 사용한다.

셀퓨전씨 레이저 선스크린 100 CELL FUSION C Laser Sunscreen 100

우리나라 피부과에서 주로 볼 수 있는 제품이다. 피부 시술 후 예민한 피부에 바르기 좋다. 인터넷이나 피부과에서만 살 수 있었는데 최근에 올리브영에도 입점해 쉽게 구매할 수 있다.

TIP 선크림 지수 읽는 법

자외선의 종류는 파장의 길이에 따라 UVA와 UVB로 나뉜다.

UVA: 파장의 길이가 길어 피부 깊숙이 침투할 수 있으며, 주름이나 주근깨 등을 유발한다. 차단지수는 SPA로 표시한다.
UVB: 파장의 길이가 비교적 짧으며 피부를 태우거나 붉어지게 하고 심하면 화상까지 입게 만든다. 차단지수는 PA 지수로 표시한다.

선크림은 이 두 가지 자외선을 모두 차단해야 한다. 우리가 흔히 알고 있는 SPF는 UVB의 차단 효과를 표시하는 단위로, SPF 지수가 높을수록 더 많은 양의 자외선을 차단할 수 있다. 하지만 SPF가 높다고 해서 무작정 차단 효과가 높아지는 것은 아니기 때문에 두세 시간에 한 번씩 덧바르는 게 훨씬 중요하다. PA는 UVA의 차단지수로 +, ++, +++로 분류되는데 +가 많을수록 차단이 잘된다고 보면 된다. 이때 제품 표면에 쓰여 있는 자외선 차단지수는 500원짜리 동전만큼의 양을 기준으로 한 것이다.

요즘 누가 진짜 민낯으로 다니니?

              촬영이 있는 날은 장시간 메이크업을 한 상태로 강한 조명 아래에서 버텨야 하기 때문에, 촬영이 없는 날은 되도록 피부에 부담을 줄이려고 노력한다. 피부 콤플렉스가 있어서 그걸 가리려고 매일 화장을 하다 보면, 오히려 피부 건강이 나빠지고 빠르게 늙는다. 대신 가볍게 외출할 때는 화장을 한 듯 안 한 듯 피부 보정만 해주는 제품이 있는데, 바로 톤업tone-up 크림이다.

              기초화장은 언제나 선크림으로 마무리하고 그 위에 톤업 크림을 발라주면 마치 혈색 좋은 얼굴이 원래 내 피부인 것마냥 자연스러운 느낌을 줄 수 있다. 톤업 크림은 컬러 로션 같이 선크림에 약간의 파운데이션이 함유된 제품으로 피부톤을 밝혀주는 기능을 한다. 무조건 하얗게 만들어준다기보다 생기 있고 밝아 보이는 윤광 효과를 주는 제품이다. 여성뿐만 아니라 남성들도 톤업 크림을 발라주면 자연스럽게 예쁜 피부 표현을 할 수 있다. 난 개인적으로 이 정도까지는 민낯으로 인정해줘야 한다고 주장 한다!

　지금도 평소에는 파운데이션을 꼭 챙겨 바르지 않는 편이 고, 사실 더 어릴 때만 해도 촬영이 없는 날은 선크림까지만 바르 고 다녔다. 지금은 피부에 붉은 기가 올라올 때가 잦아서 볼 부분 만 톤업 크림이나 컨실러로 살짝 커버해준다. 얼굴 전체에 모두 바를 필요도 없다. 이마나 턱 같은 부분은 홍조가 지지 않으니까 굳이 바르지 않고 부분적으로만 커버해주면 5분 만에도 준비를 마치고 가볍게 외출할 수 있다.

　평소 촬영 스케줄 없이 개인적인 외출을 할 때 얼굴에 힘 을 빼는 또 다른 이유는 헤어나 패션 등 다른 요소도 고려하기 때 문이다. 옷을 화려하게 입었거나 머리를 예쁘게 만졌다면 얼굴에 는 힘을 빼는 게 예쁘다. 그리고 화장을 진하게 하는 것보다 차라 리 옷이나 머리에 신경을 쓰면, 꾸민 듯 안 꾸민 듯 편안해 보이 면서도 전체적인 균형은 더 그럴듯해진다. "마지막에 더한 것을 빼라."라는 샤넬 여사의 말은 여전히 유효하다. 조화로운 이미지 완성을 위해서 한 가지 정도는 양보하는 것도 괜찮다.

마티스 리폰스 틴트 MATIS Reponse Teint

어떤 톤업 크림은 번질거리기만 하는데, 이 제품은 어느 정도 커

버도 되면서 피부를 장밋빛으로 보이게 한다. 실제로 장미 성분

이 들어가 있는데 앰플, 에센스, 비비크림, 영양크림 등을 섞어

예쁜 색을 찾은 것으로 성분도 참 착하다. 21호, 23호에 상관없

이 피부에 가장 잘 맞는 색상으로 착 흡수된다.

라로슈포제 유비데아 XL LA ROCHE-POSAY Uvidea XL

라로슈포제는 동물실험을 하지 않고 안전한 성분을 사용해 프랑

스 현지인들이 적극 추천하는 제품이다. 우리나라에서는 그렇게

까지 유명하지는 않지만, 나는 이 브랜드 클렌징 제품과 선크림

을 애용하고 주변에 많이 추천한다.

깐깐하게 고르는 메이크업 제품

어떤 메이크업을 하든 깨끗한 피부보다 더 예뻐보이도록 만들어주는 기술은 없다. 어릴 때는 눈을 더 커보이게 하려고도 하고, 선탠한 피부에 누드 색 립스틱을 발라보기도 하며 다양한 메이크업 스타일을 시도해봤지만 돌아보면 오히려 그런 화장법이 더 나이 들어 보이게 만들었다. 지금은 전체적으로 힘을 빼되 피부를 돋보이게 하는 메이크업을 하려고 한다. 깨끗한 피부 표현만 잘하면 입술에 살짝 힘을 주고 뷰러로 속눈썹을 집어주는 정도만 해도 전체적으로 자연스러운 분위기와 함께 보기 좋은 인상이 완성된다.

나는 메이크업을 할 때도 피부가 건조하지 않도록 하는 걸

우선순위로 생각한다. 파운데이션을 바르기 전에 피부를 지켜주는 기초 공사가 정말 중요하다. 기초가 허술한 상태에서 그 위에 색조를 올린다는 건 피부가 상하는 지름길이다. 무엇보다 피부 수분과 영양이 탄탄하게 유지되지 않은 채 화장을 하면 주름이 더 강조되고, 그걸 가리려고 덧바르다 보면 피부가 탁해지며 오히려 부자연스러워 보일 수 있다. 게다가 파운데이션을 잘못 바르면 피부가 뻑뻑해지기 쉬워서 나는 항상 메이크업베이스와 파운데이션을 세트로 사용한다. 파운데이션을 바르기 전에 메이크업베이스로 피부 보호막을 형성해준다고 생각하면 된다. 나는 보송한 것보다 촉촉한 메이크업을 좋아해서, 파우더는 생략하거나 굵은 붓으로 얼굴 가장자리에만 바른다. 그러면 얼굴 중앙에만 광이 남아서 더 입체적으로 보이는 효과도 있다.

만약 메이크업 제품 중에서 하나 정도에만 투자할 수 있다면 파운데이션을 좋은 것으로 쓰라고 권하고 싶다. 피부 화장은 잡티를 가리는 것에만 치중해 수분 유지의 중요성을 놓치기 쉬운데, 그 차이는 최악의 환경에 놓일수록 극명하게 나타난다. 뜨거운 조명 아래에서 방송을 하다 보면 에어컨을 틀어도 덥다. 몇 번씩 옷을 갈아 입다 보면 땀이 뻘뻘 나면서 당연히 파운데이션도 다 지워진다. 무엇보다 조명 때문에 피부가 건조해져서 화장이 뜨고 갈라지기 때문에 커버도 되면서 수분력도 유지해주는 제품을 찾기 위해 많은 돈을 썼다.

촬영장에는 메이크업 제품들이 기본적으로 구비되어 있지만 나는 선크림, 메이크업베이스와 파운데이션만큼은 내 것을 따로 준비해 놓는다. 베이스는 촉촉할수록 좋고, 부족하다 싶을 땐 파운데이션에 에센스를 섞어 발라주기도 한다. 가끔 선크림과 베이스 겸용으로 나온 제품을 사용할 땐 베이스는 생략하고 선크림과 파운데이션만 바르기도 한다. 바르는 팁이 있다면, 퍼프에 미스트를 뿌리고 파운데이션을 두드리듯 발라주는 것이다. 메이크업 아티스트에게 종종 메이크업을 받을 때가 있는데, 퍼프로 정말 많이 두드려준다. 그럼 눈 깜짝할 사이에 도자기 피부가 완성된다. 피부 화장을 할 때 잡티를 가리는 걸 중요하게 생각하는 분들이 많은데, 나는 일부러 한두 개 정도는 두는 편이다. 그래야 화장이 얇아 보이고, 자연스러운 느낌을 주기 때문이다. 완벽하게 커버된 피부가 마냥 예쁜 피부는 아니다.

나스 틴티드 모이스춰라이저 Nars Tinted Moisterizer

이 제품은 자외선 차단도 살짝 되면서 얼굴을 촉촉하고 반질거리게 해준다. 그 위에 파운데이션까지 발라도 가벼운 느낌을 준다. 그래서 촬영이 없는 날 즐겨 사용한다.

겔랑 빠뤼르 골드 래디언스 파운데이션 GUERLAIN Parure Gold Foundation

수분감이 있고 커버력도 우수해서 방송할 때 늘 사용하는 제품이다. 유세린 선크림과 궁합이 좋다.

조르지오 아르마니 UV 마스터 프라이머 GIORGIO ARMANI UV Master Primer 와 래스팅 실크 UV 파운데이션 Lasting Silk UV Foundation

UV 마스터 프라이머는 핑크, 모브, 베이지 세 가지 색상으로 나온다. 노르스름한 톤은 핑크, 창백한 톤은 모브, 일반 톤은 베이지를 추천한다. 래스팅 실크 UV 파운데이션은 지성 피부를 가진 분들이 쓰기 좋은 제품으로 입자가 고와 피부가 매끄러워 보이는 효과가 있다. 시간이 지날수록 밀착되어 피부가 더 좋아 보인다.

파운데이션과 비비크림은 용도가 다르다

두 제품은 각기 목적에 따라 다르게 사용해야 한다. 파운데이션이 피부를 커버하는 리퀴드 타입이라면 비비크림은 일종의 컬러 로션이다. 비비크림이 처음 나온 건 레이저나 박피를 하고 나서 벌겋게 된 피부를 식물성 성분으로 덮어 가려주기 위한 것이었다. 그래서 성분은 순하지만 예쁜 피부색을 만들어주는 용도는 아니다. 미용보다는 기능에 충실한 제품이다. 오리지널 비비크림은 촉촉하지 않고 찰흙처럼 뻑뻑한데, 사람에 따라 시간이 지날수록 점점 회색빛이 되기도 한다.

우리나라에서는 이러한 단점을 극복하기 위해 색상을 추가하여 컬러 로션 개념으로 사용하고 있다. 자신의 피부색에 잘 맞는 제품을 찾으면 다행이지만, 아무래도 애초의 목적 자체가 다르다 보니 예쁜 색이 나오기 어렵다. 남성들도 비비크림 정도는 기본으로 바르는 분들이 많은데, 자칫하면 얼굴이 더 칙칙해 보일 수 있으니 주의해야 한다.

나를 아는 게 포인트, 데일리 메이크업

피부 화장을 마무리한 뒤 색조를 올려줄 때는 무엇보다 나의 피부 타입과 나에게 잘 맞는 색상을 아는 것이 중요하다. 타고난 신체 컬러인 퍼스널 컬러가 웜톤인지 쿨톤인지에 따라 어울리는 헤어 컬러, 립스틱 컬러, 액세서리 같은 것도 당연히 달라진다. 우리나라 여성 중 가장 많은 유형은 봄 웜톤으로 연예인 중에는 수지, 송혜교 씨 등이 해당된다. 나는 쿨톤 중에서도 겨울 쿨톤이라 골드보다는 다이아몬드나 백금이 어울리고, 립스틱도 특이하게 형광 핑크나 보라색이 잘 어울린다.

미모는 타고난다는 거짓말, 믿는 거 아니지?

분류	어울리는 색상	해당 유형 연예인
봄 웜톤	파스텔이나 비비드 톤	송혜교, 수지
여름 쿨톤	노란기 없는 차가운 톤	손예진, 이영애
가을 웜톤	카키나 버건디 등 성숙한 톤	이효리, 전지현
겨울 쿨톤	형광 핑크나 퍼플 등 차가운 톤	김소연, 김혜수

다만 앞서 언급했듯 나는 색조에 힘을 주는 편이 아니다. 눈 화장도 거의 하지 않고 편안하고 자연스러운 느낌으로 연출하는 걸 좋아한다. 그래서 빠를 땐 10~15분 만에 후다닥 준비하고 외출하기도 한다.

메이크업을 하는 날은 일단 아침에 일어나자마자 거울을 보면서 붓기부터 확인한다. 나는 워낙 잘 붓는 체질이라서 전날 저녁에 조금만 염분기 있는 걸 먹으면, 다음 날 아침에 바로 얼굴에 드러난다. 특히 쌍꺼풀이 작아지거나 눈이 짝짝이가 되면서 화면에서는 더 부어 보이게 나온다. 붓기는 완벽한 메이크업을 위한 최대 적이기 때문에, 보통 여배우들도 아침 일찍부터 촬영을 잡기보다 얼굴 컨디션이 제일 좋을 때 촬영하는 경우가 많다. 하지만 아침에 나가야 하는 날이라면, 메이크업을 하기 전에 일단 붓기부터 빼주어야 한다.

예전에는 숟가락을 차갑게 해서 눈두덩이에 올려두거나

녹찻물에 화장솜을 적셔서 얼굴에 올려놓기도 했다. 최근에는 누페이스라는 기계를 이용하는데, 핸드폰만 한 작은 기계로 미세전류를 쏘아 붓기를 빼주고 혈액 순환이 빨라지도록 돕는 것이다. 그래서 촬영 전에는 꼭 사용한 뒤에 메이크업을 시작한다.

아이브로우

눈썹만 예뻐도 얼굴이 또렷해보이고 정돈되어 보인다. 나는 눈썹도 자연스러운 게 최고라고 생각한다. 전용 펜슬로 그리고 나면 눈썹 앞쪽에 각이 생길 수 있는데, 그걸 면봉으로 살살 풀어서 자연스럽게 만들어주고 스크루 브러시로 빗어준다. 그리고 나는 매트한 화장보다 촉촉한 걸 좋아하다 보니 색조가 잘 지워지는데, 눈썹을 그린 다음에 파우더를 살짝 발라주면 지워지거나 기름지지 않아서 꼭 해준다.

섀도

섀도는 다양하게 쓰지 않고 명암을 조절하는 수준으로만 한다. 브랜드와 상관없이 브라운, 베이지 계열로 이것저것 써보았

미모는 타고난다는 거짓말, 믿는 거 아니지?

는데 결국 지금까지 잘 쓰는 건 루나솔과 손앤박 두 가지 정도다. 너무 매트하면 붓질 자국이 고스란히 드러나고, 펄이 많으면 촌스러워져서 섀도의 텍스처를 잘 살리는 것이 까다롭다. 그래서 포인트를 주고 싶을 땐 눈보다 입술에 컬러 변화를 주는 편이다. 하지만 너무 피곤해 보이거나 퀭해 보일 때는 살짝 펄이 있는 오렌지나 베이지 컬러를 발라 생기를 넣어준다.

마스카라

20년 동안 인조 속눈썹을 붙이고 일하다 보니 속눈썹 숱이 많이 빠져서, 방송에서 클로즈업이 되는 날 빼고는 속눈썹을 붙이지 않는다. 대신 뷰러는 3~4개 정도 사서 곳곳에 두고 생각날 때마다 속눈썹을 집어준다. 민낯에 뷰러만 해도 확실히 달라 보인다. 마스카라는 일반 제품보다 훨씬 얇은 걸 쓴다. 아래 속눈썹에 바르는 용도의 얇고 세밀한 마스카라로 위아래 속눈썹에 모두 발라준다. 사람마다 눈시림이 있는 제품도 있기 때문에 여러 가지 써보고 자신에게 잘 맞는 제품에 정착하면 된다.

입술

　　립스틱은 특별히 어느 브랜드나 색상을 고집하기보다 이 것저것 많이 써보는 편이다. 개인적으로는 맥이나 입생로랑, 3CE 에 예쁜 컬러가 많아서 좋아하는데, 데일리 메이크업으로는 버츠 비나 허로우 같은 립밤 제형에 살짝 색이 들어간 제품을 즐겨 쓴 다. 입술을 촉촉하게 유지해주면서 자연스러운 본연의 색이 발색 되도록 도와주는 제품들이다.

슈에무라 하드포뮬라SHU UEMURA Hard Formula**, 디올 아이브로우**DIOR Backstage Double Ended Brow Brush**, 이니스프리 스키니 꼼꼼카라**

슈에무라는 펜슬 타입, 디올은 파우더 타입으로 모두 쉽게 바를 수 있고, 자연스럽게 표현할 수 있어서 애용한다. 특히 슈에무라는 컬러가 다양해 머리색에 맞춰 고를 수 있는 장점이 있다. 이니스프리 스키니 꼼꼼카라는 일반 마스카라보다 솔이 얇아 부담없이 바르기에 좋다. 굉장히 자연스러운데도 바른 눈과 바르지 않은 눈의 차이가 제법 나서 꼭 사용한다.

루나솔 스킨 모델링 아이섀도LUNASOL Skin Modeling

나처럼 간단하게 메이크업하는 경우에 쓰기 좋은 색상과 텍스처로 구성된 섀도 팔레트이다. 손으로 발라도 될 정도로 입자가 곱고 부드럽다. 후다닥 준비하고 나갈 때도 편하게 사용한다.

버츠비BURT'S BEES **틴티드 립밤, 허로우**HURRAW **블랙 체리 틴트 립밤**

나는 입술색이 진한 편이라 컬러 립밤을 주로 사용하는데, 두 제품 모두 보습력도 좋고 색도 예뻐서 몇 개째 사용 중이다.

TIP 포인트 메이크업

※ 동안으로 보이는 메이크업

동안 메이크업의 포인트는 입술에 있다. 나이가 들면 입술이 점점 말려 들어가면서 얇아진다. 반대로 갈매기 모양처럼 살짝 들린 것 같은 입술이 어려 보인다. 입체적이고 통통해 보이는 입술을 연출해 보자. 평소에도 코 아래쪽 인중을 세게 눌러 그 주변 근육을 풀어주면서 입술이 말려 올라가지 않도록 마사지해주는 것도 좋다. 나는 어릴 때 공갈 젖꼭지를 오래 물고 있어서 입술이 살짝 들려 있어 입을 다물고 있어도 앞니가 보였다. 그래서 교정하고 입술을 내리긴 했지만, 나이가 들고 나서는 오히려 들린 입술 모양의 덕을 본 셈이다.

※ 얼굴이 작아 보이는 메이크업

얼굴이 작아 보이려면 쉐딩을 세게 하는 게 아니라 얼굴 가운데를 높게 세워줘야 한다. 조명이나 햇빛이 얼굴에 들어왔을 때 코가 낮으면 코 쪽에 그대로 빛이 맺히면서 눈이 어두워지게 된다. 반대로 코가 높아야 빛이 갈라지면서 얼굴 전체가 선명해진다. 정확히는 코

양옆의 광대 쪽을 마사지하며 눌러주면 좋고, 코에 살짝 밝은색의 파운데이션을 발라 콧대를 강조해줘도 좋다.

WANNABE NOTE

눈썹 모양의 트렌드

눈썹 그리는 방법에도 트렌드가 있는데, 요즘은 최대한 자연스러우면서도 눈과 눈 사이가 살짝 먼 듯한 맑은 이미지를 주는 것이 유행인 것 같다. SM에서 아이돌 캐스팅을 담당하고 있는 지인의 말에 따르면, 요즘에는 눈과 눈 사이가 살짝 먼 듯하면서 콧대가 약간 낮은 얼굴이 예쁘고 어려 보이는 얼굴이라고 한다. 수지나 아이유처럼 청량해 보이는 느낌을 연출하고 싶다면 눈썹과 눈썹 사이를 살짝 넓게 그려보는 것도 팁이다.

틈틈이 생기 충전! 자투리 시간을 공략하자

출근길 엘리베이터 안에서 거울을 보고 만족스러운 얼굴로 나서도 하루 종일 바쁘게 지낸다. 오후쯤 거울을 보면 아침과는 전혀 다른 얼굴이 나타나곤 한다. 아침저녁 씻는 것으로 내 피부에 할 일은 다했다고 생각하는 건 무책임한 일이다. 게다가 메이크업을 한 상태로 오래 있거나 대낮에 내리쬐는 햇볕을 그대로 받는 일은 피부를 극악의 조건에 무방비로 방치하는 것과 같다.

특히 전 직장에 다닐 땐 출퇴근 시간이 왕복 세 시간씩 되다 보니 차에서 보내는 시간이 정말 많았다. 그런데 내가 평소에 가장 아깝게 생각하는 시간이 바로 이런 이동 시간이다. 사실 차에서는 별달리 할 게 없다 보니 시간을 그냥 흘려보내게 된다. 게다가 운전대를 잡고 앉아 있으니 얼굴과 팔, 손등이 정말 많이 탄다. 그래서 차에 있는 동안 오히려 피부를 건강하게 지켜주기 위해 온갖 걸 다 준비하고 다녔다. 주변 친구나 동료들이 농담으로 "동지현은 차에서 살림하는 것 같다. 심지어 차에 침낭까지 있다더라."라고 할 정도였다.

운전대 오른쪽에 항상 구비되어 있는 것이 선크림, 미스트, 그리고 핸드크림이다. 선크림은 아침에 당연히 바르고 나오지만, 차 안에서 틈틈이 다시 발라준다. 미스트나 핸드크림 역시 늘 챙겨 바르는 아이템이라고 생각해야 한다. 대신 끈끈한 느낌이 있으면 불편하기 때문에 되도록 빠르게 흡수되는 제품을 사용한다.

일회용 마스크팩도 즐기는 편이다. 화장한 채로 가만히 앉아 햇빛을 정면으로 받고 있으면 피부가 정말 건조해진다. 미스트로도 한계가 있다. 그래서 아예 헬스클럽에 가지고 다닐 법한 가방에 각종 기초 및 클렌징 화장품을 모두 넣어서 외부에서도 언제든 화장을 지우고 팩을 붙일 수 있게끔 준비하고 다닌다.

퇴근할 때는 차에서 워터리스 제품으로 클렌징을 한 다음에 일회용 팩을 붙이고 움직이기도 한다. 가끔 새벽에 방송이 끝나면 집에 와서 클렌징하고 자는 것조차 너무 피곤한데, 차에서 메이크업을 싹 지우고 앞머리는 핀으로 꽂아 올린 다음, 팩을 붙이고 출발하면 개운하게 하루를 마무리할 수 있다.

그리고 한켠에는 간단히 메이크업을 수정할 수 있는 눈썹 펜슬, 뷰러, 마스카라, 립스틱, 팩트를 챙겨 놓은 파우치가 있다. 차에서는 되도록 메이크업을 하지 않고 민낯으로 있을 때가 많아서 필요할 때 언제라도 기본적인 메이크업을 할 수 있도록 늘 휴대하는 것이다. 사실 파우치는 꼭 핸드백에만 두는 것이 아니라, 언제든 위급상황이 생길 수 있으니 여기저기에 언제든 쓸 수 있도록 두면 좋다. 가끔 새벽 4, 5시에 정신없이 나갈 땐 붓기를 빼주는 누페이스 기계도 차에서 쓸 때가 있다.

꼭 집에서 모든 걸 챙겨 바른다는 생각보다 이동 시간이나 자투리 시간에 간단하게라도 피부에 생기와 영양을 주려고 한다. 중간에 잊지 않고 체크해야 하는 수정 화장은 물론이고, 촉촉한 피부를 유지하기 위해서 틈틈이 관심을 기울여줄 필요가 있다.

미스트

메이크업을 오래 하고 있는 날에는 점점 피부의 수분이 말라가는 게 실시간으로 느껴진다. 특히 출퇴근하는 분들은 아침 일찍 화장하고 퇴근할 때까지 건조한 공기 중에 맨몸뚱이로 버티는 것이나 마찬가지다. 메이크업을 했더라도 그 위에 수시로 뿌릴 수 있는 미스트를 휴대하면서 틈틈이 피부에 영양을 줘야 한다.

미스트를 뿌리면 오히려 건조하다고 느끼는 경우도 있는데, 미스트가 물 성분에 가까울 때 그게 증발하면서 내 피부의 수분을 빼앗아가기 때문이다. 이런 미스트는 차라리 허공에 뿌려서 가습기처럼 사용하는 게 낫다. 내 피부에는 착 흡수될 수 있는, 에센스 역할까지 해주는 미스트를 사용해야 한다.

사실 살림이나 일을 하는 중간중간에 내 피부를 관리하는 게 귀찮을 수도 있지만, 일단 습관이 되면 굳이 노력하지 않아도 자연스럽게 피부가 필요로 하는 것을 알게 된다. 무엇보다 틈틈이 시간을 내서 피부를 챙기면 매 순간 나 스스로를 소중히 여기고 있다는 기분이 들어 에너지가 더 생긴다.

핸드크림

촉촉함이 오래 지속되는 게 좋지만, 끈적임이 있다면 사실 잘 안 쓰게 된다. 그래서 바세린 같은 성분은 아무리 좋아도 자주 쓰기엔 불편해서 피하는 편이다. 핸드크림은 주변 사람들과 같이 쓰는 때도 많아서 지나치게 비싼 걸 쓰기도 애매하고 또 너무 저렴한 걸 쓰자니 성분이 찜찜한데, 올리브영 같은 뷰티 스토어에 다양하게 있으니 비교해가며 내 취향에 맞게 구매하면 된다.

쿠션 팩트

수정 화장을 할 때 아침처럼 말끔하고 보송한 얼굴을 완성해주는 것이 바로 쿠션 팩트이다. 쿠션은 애초에 휴대용으로 쓸 수 있도록 솜뭉치에 액체형 파운데이션을 부어넣은 것이다. 그래서 완벽한 메이크업에는 살짝 부족하지만, 수정용으로는 최고다. 참고로 쿠션 팩트를 만드는 원천 기술이 우리나라에서 개발된 것이라 웬만한 브랜드의 쿠션은 모두 'made in Korea'이다. 그 어디에서도 한국의 쿠션 기술을 따라오지 못하고 있다.

수정 화장은 세 시간에 한 번꼴로 눈 밑을 위주로 하는 편이다. 쿠션은 수분 성분이 많아서 쉽게 날아가기 때문에 자주 덧발라줘야 한다. 대신 얼굴 전체를 다시 바를 필요는 없다. 과하게 하면 오히려 얼굴에서 음영이 사라져 평면처럼 보이기 때문에, 아이 메이크업이 번지지 않도록 유지하면서 볼 근처와 팔자 주름을 살짝 가려주는 정도로만 바른다.

아마 많은 여성분들이 공감하겠지만, 쿠션은 성분이나 기능보다는 사실상 케이스 전쟁이다. 좋아하는 브랜드의 예쁜 케이스에 다른 브랜드 제품 리필을 끼워 사용하는 경우도 흔하다.

미모는 타고난다는 거짓말, 믿는 거 아니지?

용카 로션 PS YONKA Lotion PS

아로마 베이스의 용카 미스트는 토너 기능에 에센스 역할까지 해서 피부에 영양을 공급한다. 아로마 베이스답게 향도 정말 좋다. 나는 몇 병째 사용하고 있다.

꼬달리 뷰티 엘릭시르 CAUDALIE Beaute Elixir

포도의 눈물이라 불리는 꼬달리는 항산화 성분으로 유명하다. 이 미스트는 두 가지 층으로 분리되어 있어 사용할 때 흔들어 써야 하는데 화장 전후 상관없이 뿌려도 좋은 제품이다.

불리 1803 더블 포마드 콘크레뜨 BULY 1803 Double Pommade Concrete

제품력이 워낙 좋아 유명해졌다. 용기도 예뻐서 주변에 선물하기에도 좋다. 비싼 가격대가 흠이라면 흠인데, 자기 전에 듬뿍 바르고 자면, 다음 날 손이 부들부들해져 꾸준히 사용하고 있는 핸드크림이다.

디올 캡처 토탈 드림스킨 쿠션 Dior Capture Totale Dream-skin Cushion

메이크업 제품이 맞나 싶을 정도로 기초 케어에 충실한 쿠션이다. 대신 수분감이 많아 화장이 금방 날아가는 단점이 있다. 그래서 자주 덧발라줘야 한다.

샤넬 레 베쥬CHANEL LES BEIGES

이 제품은 한국 전통 쿠션의 모양이 아닌, 파운데이션을 붓고 그 위에 스타킹 같은 망을 씌운 형태이다. 리퀴드 제형의 장점을 살려 바를 수 있어서 자연스럽고 촉촉하다는 장점이 있지만, 커버력이 거의 없어서 여러 번 덧발라야 하는 단점도 있다.

미모는 타고난다는 거짓말, 믿는 거 아니지?

WANNABE

DONG

JI HYUN

Chapter 3.

내 몸은
일상의 기록!

식성은 몸이 기억하는 습관

 나는 음식을 먹는 기준이 까다로운 편은 아니다. 아들이
어릴 때는 유기농 식재료에 신경을 많이 썼는데, 밖에서 식사해
야 할 때도 많다 보니 지금은 하나하나 따져 먹지는 않게 되었다.
그래도 큼직한 몇 가지 기준은 있는데, 기본적으로 설탕과 염분
은 되도록 멀리한다. 피부에 좋은 음식, 건강에 좋은 음식을 챙겨
먹는 것도 중요하지만, 그보다 더 중요한 건 나쁜 걸 멀리하는 것
이라고 생각한다. 특히 설탕은 노화를 부추기는 대표적인 음식으
로 반드시 피해야 한다.

 우리나라 사람들이 정말 자주 마시는 음료 중 하나가 바로
커피믹스인데, 우리 엄마 역시 참 좋아하신다. 나는 엄마랑 오래

살았는데, 같이 있다 보니 엄마 따라 커피믹스를 하루에 석 잔씩 마시는 날이 많았다. 그런데 이 커피믹스가 사실 설탕 덩어리다. 거의 달고나 수준이라고 생각하면 되는데, 쉽게 이야기해 우리는 아무 생각 없이 우리 몸에 설탕을 들이붓고 있는 것이다.

더는 안 되겠다 싶어 커피믹스를 딱 끊었는데, 신기하게도 감자탕, 김치찌개, 부대찌개 같은 걸쭉하고 진한 국물이 별로 생각나지 않게 됐다. 사실 한식 자체가 짜고 매운 게 많아서 외식할 때는 그런 음식을 피하기 어려운 때가 많다. 그래도 최대한 저녁에는 짠 음식을 적게 먹고, 평소보다 염분을 많이 섭취했다 싶은 날에는 우유나 코코넛워터를 마시고 다음 날 붓기를 예방해준다.

다행히 술은 몸에서 잘 안 받기도 하고, 별로 좋아하지 않아서 자주 즐기는 편은 아니다. 술을 마시면 몸은 알코올 분해에 정성과 노력을 쏟아야 하기 때문에 피부가 건조해지다 못해 거의 탈진하게 된다. 더구나 술을 마시다 보면 머릿속에서 배부른 걸 감지하지 못해서 평소보다 훨씬 많이 먹게 될 때가 많다. 안주도 기름진 게 많지만 알코올도 칼로리가 높아서 술은 피부의 적이자 다이어트의 적이기도 하다.

나는 짧은 기간 내에 목표를 정해 다이어트를 하기보다는 일상에서 매일 먹는 식단으로 다이어트를 한다. 아침은 꼭 챙겨 먹지만, 늦게 먹는 날은 점심을 거르기도 한다. 보통 하루에 두 끼

내 몸은 일상의 기록!

정도 먹는데, 속이 더부룩하지 않도록 간단히 먹을 수 있는 것을 위주로 먹는 편이고, 외식을 하게 되면 최대한 염분이 적은 메뉴를 선택하려고 한다.

식성을 바꾸는 일이 처음에는 어렵지만, 습관이 되면 몸에서 알아서 나쁜 음식을 피하고 건강한 음식을 찾도록 유도한다. 자극적인 걸 자꾸 먹다 보면 그 맛에 중독되지만, 신선하고 싱거운 음식에 익숙해지면 오히려 자극적인 게 부담스러워진다. 꼭 어떤 목적을 위해 특정 기간 동안 식단 관리를 하는 것보다는, 몸이 기억하는 건강한 식성을 갖는다면 장기적으로 내 몸에도 좋고 스트레스도 줄일 수 있다.

건강 미인이 되기 위한 기본 생활 수칙

① 아침에 일어나면 공복 상태에서 물 한 컵을 마신다. (따뜻한 물로!) 30분 정도 더 공복 상태를 유지한다. 몸을 물로 한번 씻어준다는 느낌인데, 이 습관 덕분인지 변비가 없다.

② 저녁 7시 이후에는 웬만해선 아무것도 먹지 않는다. 야식은 절대 금물이다.

③ 하루에 한 번은 꼭 스트레칭을 한다. 별거 아닌 것 같아도 스트레칭을 매일 규칙적으로 한다는 게 정말 쉽지 않다. 하지만 전문가들의 말에 따르면, 운동은 매일 못하더라도 스트레칭만 잘하면 혈액 순환에 크게 도움이 된다고 한다.

④ 물을 자주 마신다. 몸에 좋은 건 일단 장기로 먼저 흡수되고, 그다음 피부로 간다고 한다. 그래서 이렇게까지 마셔야 하나 싶을 정도로 마시는 게 좋다. 종종 음료수나 주스도 수분이라고 생각하는 분들이 있는데, 그건 첨가물이 들어간 것으로 순수 물을 마

셔야 한다. 따뜻한 차나 물을 자주 마시는 습관을 들이면 몸 전체 순환은 물론이고 피부 건강에도 좋은 영향을 준다.

⑤ 지나친 다이어트는 금물! 과도한 다이어트는 노화의 원인이 된다. 지나친 운동 역시 몸속에 산화성분을 유발하는데 이는 피부에 독이 되니 주의하자.

⑥ 술, 담배는 당연히 안 된다. 간접흡연 역시 좋지 않다.

WANNABE NOTE

과식을 막는 냉장고

배가 고플 때 절대 가지 말아야 할 곳이 바로 대형마트다. 배 고픈 채로 마트에 가면 정신없이 아무거나 카트에 넣어 사게 된다. 요즘엔 밤늦게 주문해도 다음 날 새벽까지 배송해주는 시스템이 너무 잘되어 있어서, 마켓컬리 같은 인터넷 장보기를 주로 이용하는 편이다. 특히 최근에 1, 2인 가구가 증가하면서 묶음으로 팔던 채소나 과일을 소량으로 살 수 있도록 판매해 그때마다 조금씩 사서 먹는다.

나는 장을 볼 때 한꺼번에 많이 사는 것보다 필요할 때마다 조금씩 사려고 한다. 파리지앵 여성들이 살이 안 찌는 이유 중 하나가 길거리에 대형마트보다 작은 채소 가게, 과일 가게가 많기 때문이라고 한다. 먹을 만큼 소량씩 사는 습관 덕분이라는 것이다. 냉장고 안을 헐겁게 두는 것이 결국 쓸데없이 과식하지 않는 기본자세인 셈이다.

다이어트는 무조건 쉽게 해야 한다

임신과 출산을 거치면서 거의 20kg이 쪘다. 안 먹던 야식을 먹은 것도 아니고, 과일만 미친 듯이 먹었는데 20kg이나 찔 수 있다는 사실에 내심 놀랐다. 어쨌든 출산 후, 직장에 복귀해야 해서 서둘러 다이어트를 할 수밖에 없었다. 특히 "애 낳더니 변했다."란 말은 정말 듣기 싫어서 원래 몸으로 돌아가기 위해 열심히 다이어트를 했다. 그래도 마지막 5kg이 도저히 빠지지 않아서, 당시 원푸드, 황제, 죽, 한약, 양약, 다이어트 주사까지 할 수 있는 건 모두 해보았다.

그러면서 내가 도달한 결론은 다이어트는 절대 무리해서 하면 안 된다는 것이다. 급하게 마음먹고 하는 다이어트는 대부분 실패한다. 독한 다이어트일수록 할 때는 쭉쭉 빠지는 것 같아도 조금이라도 규칙이 흐트러지는 순간에 바로 요요현상이 온다. 마치 몸이 우리에게 벌을 주는 것처럼, 요요는 반복될수록 절대 예전으로 돌아가지 못하고 오히려 더 쉽게 살이 찌는 체질로 바뀌어버린다. 그러다 보니 중간에 포기하고 폭식으로 이어지는 경우도 많다. 그래서 감량이 필요할 땐 타이트한 목표를 잡기보다는 여유 있게 기간을 잡는 게 낫다. 몇 달 내에 천천히 원상 복귀하자는 마음으로 다이어트를 다짐하면 "당장 내일부터 굶을 테니까 오늘 야식으로 치킨을 먹자!" 같은 상황을 막을 수 있다.

나는 직업 탓에 거의 20년 동안 다이어트를 해왔다. 허리둘레는 항상 25인치를 유지해야 하고, 옷 사이즈는 55가 넉넉하게 맞아야 한다. 그래도 사람인지라 항상 칼같이 유지할 수는 없고 어떨 땐 더 찌기도 하고 더 빠지기도 한다. 그래서 단기간에 독하게 하는 것보다 효과적이면서도 지속 가능한 다이어트 방법을 찾는 것이 중요하다. 그래서 지금도 나는 감량 목표를 정한다기보다는 평상시에 가벼운 다이어트 습관을 접목해서 일상생활을 하고 있다.

어떤 목표를 두고 의지의 다이어트를 하는 게 더 잘 맞는 사람도 있겠지만, 굳이 어떤 이상적인 몸매를 정해 놓고 억지로 목표에 도달하려고 하지는 않았으면 좋겠다. 어차피 전 세계 모든 사람에게 완벽하게 들어맞는 완성 지점은 없다. 그보다는 나 자신에 대해서 잘 아는 것이 훨씬 더 중요하다. 예를 들어, 얼굴 사이즈는 큰데 몸이 너무 마르면 얼굴이 더 커 보인다. 살을 빼면서 휜 다리 모양 등의 콤플렉스가 두드러지게 드러나는 경우도 있다. 말라야 한다는 것에 강박을 갖지 말고, 내가 건강하고 만족할 수 있는 모습을 스스로 결정했으면 좋겠다.

다이어트의 기본 원칙, 소식

사람마다 다르겠지만, 개인적으로 온갖 다이어트를 섭렵한 결과, 내가 내린 결론은 결국 다이어트의 답은 '소식'이라는 거다. 인터넷을 보면 연예인 다이어트 식단이 화제가 되곤 하는데, 사실 나는 식단을 따로 정해 놓고 먹진 않는다. 먹을 수 있는 종류를 제한하며 식단 관리를 하다 보면 스트레스가 심해져 자꾸 포기하게 되기 때문이다. 나 같은 경우는 고기 먹을 때도 쌈을 먹지 않을 만큼 채소를 좋아하지 않아서 샐러드 같은 걸 마냥 먹을 수도 없다. 예쁜 디저트를 많이 먹으면 살이 찌겠지만, 아예 참는다고 내가 행복해지는 것도 아니다.

그래서 가끔 군것질하고 싶을 땐 다이어트에 집착하지 않고 초콜릿 같은 걸 먹기도 한다. 사실 내가 그렇게 초콜릿을 자주 먹는지 몰랐는데, 주변에서 자꾸 "너 초콜릿 좋아하잖아." 하면서 초콜릿 사는 모습을 자주 봤다고 인증해준다. 게다가 위가 약한 편이라 밀가루를 피해야 하지만, 빵을 너무 좋아해서 종종 위장약으로 카베진을 챙겨 먹기도 한다. 먹고 싶은 걸 마냥 참지는 않지만, 그래도 과하게 먹지 않도록 조절하면서 어느 정도 만족스럽게 욕구를 채우려고 하는 편이다.

초밥, 파스타, 떡볶이 뭐든지 먹고 싶은 음식이 있을 때는 마음껏 먹되, 대신 '소식'을 원칙으로 하자. 한 숟갈 더 먹을까 싶을 때 그만 내려놔야 한다. 우리가 본받아야 할 다이어터, 가수 옥주현 씨가 말하지 않았던가! 이 세상에 모르는 맛은 없다고. 한 숟가락 더 먹고 싶을 때, 그 숟가락이 살이 되는 거고 반대로 운동은 죽을 것 같다 싶을 때 한 번 더 하면, 살이 빠지는 것이다. 적게 먹고 운동으로 관리하며 지치지 않도록 유지하는 것이 나에게는 가장 꾸준히 할 수 있는 다이어트 습관이다.

가끔 야식으로 정말 먹고 싶은 게 있으면 부엌에 고이 모셔놨다가 다음 날 아침에 먹어야지 생각하고 잔다. (음식에 발이 달려 도망가지는 않을 테니까!) 그런 설레는 마음으로 자고 일어나면 막상 전날 밤처럼 식욕이 당기지 않을 때도 있다. 다만 욕구를 이기지 못하고 저녁에 염분 있는 음식을 먹었다면, 코코넛워터를 꼭 마시길! 다음 날 붓기를 줄이는 데 정말 효과적이다. 밍밍하고 맛은 별로 없지만, 얼음을 넣고 살짝 차게 마시면 먹을 만하다. 우유도 괜찮지만 칼로리가 높은 편이라 나는 코코넛워터를 추천한다.

위를 비워주는 간헐적 단식

한창 간헐적 단식이 다이어트 방법으로 유행했던 적이 있다. 일주일에 이틀은 24시간 단식을 하고 3~5번 정도 아침을 걸러서 일상 속에서 공복감을 유지하며 위를 비우는 것이다. 나는 군이 간헐적 단식을 하려고 한 건 아닌데, 어쩌다 보니 예전부터 그런 패턴을 유지하고 있었다. 하루에 두 끼 정도 먹는데 기본적으로 저녁 7시 이후에는 먹지 않고, 다음 날 점심쯤 식사를 하면 저절로 간헐적 단식의 패턴이 된다.

배고픔을 느껴야 살이 빠지는 것이기 때문에 어느 정도는 공복 시간을 주면서 위를 비워주는 것이 좋다. 우리는 보통 배가 고파지기도 전에 먹고 또 먹는다. 배고픈 것과 입이 심심한 걸 구별하지 못할 때도 많다. 하지만 몸을 비워줘야 원래 가지고 있던 지방을 태울 수 때문에, 내 몸에 무언가 추가된 상태가 아닌 마이너스 상태로 유지하려고 노력하는 편이다. 특히 나는 일하기 전에 배가 부르면 안 되는 스타일이다. 배가 든든해야 멘트가 술술 나온다는 동료들도 있지만, 나는 살짝 고픈 듯한 상태가 늘 기본이다.

조금씩 자주 먹기

　나는 생리적 욕구 중 식욕보다 수면욕에 더 충실한 편이기도 하고, 직업상 정해진 시간에 규칙적으로 식사를 한다는 게 거의 불가능하다 보니 하루에 한 끼만 먹을 때도 있다.

　그래서 간단하게 먹기 쉬운 음식들을 항상 가방에 챙겨 다닌다. 귤, 요구르트, 고구마, 체리 같은 것들이다. 아침에는 꼭 흰 우유를 챙겨 나오는 편이고, 스타벅스에서 파는 낱개 바나나도 즐겨 먹는다. 이렇게 가방에 음식을 챙겨 다니니깐 가끔은 카메라 감독님들이 당연히 내게 간식거리가 있는 줄 알고 자연스레 손을 내밀기도 한다. 중요한 건 끼니를 놓쳤더라도 허기만 채울 정도로 가볍게 먹어야 한다는 것이다. 단 기초 체력을 유지할 수 있을 만큼은 먹어야 하니, 적은 양으로 자주 먹어주는 게 좋다.

TIP 다이어트 식단

※아침

집에서 아침 식사를 하고 나갈 여유가 있는 날은 많지 않다. 보통 후다닥 준비할 수 있는 것으로 챙겨 나가서 차에서 먹는다. 요플레에 블루베리를 넣고 우유를 살짝 섞어 묽게 만들어 마시는 날도 있고, 빈속에 우유나 요플레가 부담스러울 때는 누룽밥을 끓여서 텀블러에 담아 이동하면서 마시기도 한다.

※점심 또는 저녁

과일은 항상 챙겨 다니면서 점심이나 늦은 오후에 틈틈이 먹는 편이다. 깎아 먹는 과일을 별로 좋아하지 않아서 주로 체리나 딸기, 바나나 같은 걸 즐겨 먹는다. 특히 체리는 먹고 씨만 버리면 돼서 여름에는 늘 장바구니에 들어 있는 품목 중 하나다. 끼니 대용으로 고구마 말랭이를 먹기도 하는데, 고구마나 감은 말리면 당도가 굉장히 높아져서 많이 먹지 않도록 주의해야 한다.

※운동 후

보통 우유 한 팩, 바나나 반 개, 견과류 반 줌 정도를 갈아 셰이크로 만들어 먹는다. 이렇게 식단에 신경을 써도 살이 찐다고 하소연하는 분들이 많은데, 얼마나 마시는지 물어보면 양이 너무 많다. 다이어 트식으로 많이들 먹는 음식이지만, 바나나도 결국 탄수화물이고 견 과류도 칼로리가 상당히 높다. 많이 먹으면 사실상 밥 한 공기를 먹 는 것과 다를 바 없다. 살을 빼야 할 때는 견과류를 빼고 바나나와 우유만, 혹은 바나나만 먹는 것이 낫다.

※다이어트 보조제

되도록 늦은 시간에는 먹지 않으려고 하지만 사회생활을 하다 보면 어쩔 수 없이 먹게 되는 상황이 생기기도 한다. 그럴 땐 식사 전에 칼로리 컷팅제 같은 걸 챙겨 먹는다. 나의 다이어트 원칙은 스트레 스를 최소화하며 실행하기 쉬워야 한다는 것이기 때문에, 도움이 될 만한 건 종합적으로 적용한다. 올리브영에서도 쉽게 살 수 있는 컷팅제는 집이나 차, 옷 주머니, 손 닿는 곳 여기저기에 상비되어 있다. 다만 단기에 빨리 살을 빼야 할 때는 다이어트 한약이 효과적 이다.

헬스냐, 필라테스냐

나이가 들면 무엇보다 근육과의 싸움이 시작된다. 몸뿐만 아니라 얼굴이나 피부도 마찬가지다. 근육이 탄탄하게 자리잡고 있어야 주변의 살들이 처지지 않고 바짝 붙어 있을 수 있다. 배 근육이 있어야 뱃살이 늘어지지 않고, 얼굴도 광대에 근육이 있어야 볼살이 흘러내리지 않는 것이다. 허리가 굽지 않고 바른 자세를 유지하기 위해서도 결국 척추에 근육이 있어야 한다. 그런데 무조건 굶는 다이어트를 하면 근육이 점점 사라지게 되는데, 그렇게 되면 나중에 젊었을 때보다 몇 배 이상의 고강도 운동을 해야 필요한 근육을 되찾을 수 있다.

아마 30대를 넘긴 분들은 많이 공감하지 않을까 싶은데,

나도 원래는 운동을 즐기지 않다가 정말 살기 위해서 운동을 시작하게 됐다. 내가 규칙적으로 운동을 하기 시작한 건 약 6년 전부터인데, 일을 하다 보니 점점 체력의 필요성을 느끼게 되어서였다. CJ에서 GS로 회사를 옮기면서 출퇴근길이 100km가 넘게됐다. 왕복 세 시간을 운전해서 다녀야 했고, 어떨 때는 아침 방송을 하고 집에 잠시 갔다가 다시 저녁 방송을 가야 할 때도 있었다. 그럴 때는 두 번 왕복으로 거의 200km를 운전하기도 했다. 그 거리를 감당할 만한 체력이 뒷받침되지 않으면 큰일 나겠다싶어 그때부터 헬스를 시작했다. 어릴 땐 무작정 살을 빼기 위해운동을 했다면 나이가 들수록 근육을 만들기 위한 운동이 필요해진다.

취향이나 성격, 그리고 체형과 체력에 따라 맞는 운동을 찾아야 꾸준히 할 수 있는 것 같은데, 나에게는 헬스가 잘 맞지 않았던 것 같다. 퍼스널 트레이닝를 받았는데 트레이너 선생님이 "지현 씨에게 이런 걸 시키는 게 맞는지 고민이다."라고 말할 정도로고강도의 운동이 내겐 무척이나 힘들었다. 워낙 선생님 말씀을 잘듣는 스타일이라 시키면 이를 악물고 어떻게든 하긴 했지만, 주변 사람들이 운동보다는 고문에 가까운 것 같다고 말할 정도로몸이 힘들었다. 그리고 무엇보다 헬스를 하면서 근육이 짧고 단단해지면서 바디라인이 두꺼워지는 느낌이 들었다.

그래서 바디라인을 좀 더 예쁘고 유연하게 만드는 운동이

뭘까 고민하다가 필라테스를 시작하게 됐는데, 그 후로 거의 5년을 꾸준히 계속해오고 있다. 필라테스를 가볍고 우아한 스트레칭 정도로 생각하는 분들이 있는데, 필라테스도 근력을 많이 써야 하는 운동이다. 처음에는 호흡부터 시작하는데 고강도로 운동을 하고 나면 기진맥진이 된다. 그 정도로 체력 소모가 엄청나다. 동작에 어느 정도 적응이 되면 근력을 키우고 싶은지, 유연성을 키우고 싶은지 목적에 따라 기구를 활용할 수도 있다. 나는 확실히 허벅지 근육도 길어지고 벌어진 늑골이 닫히며 체형이 보기 좋게 다듬어지는 느낌이 들었다. 벌크업을 하는 운동보다 필라테스로 근육을 길게 찢어주는 운동을 하면서 옷태가 더 예뻐졌다는 이야기도 많이 들었다.

　요즘에는 워낙 운동에 대한 정보가 많아 홈 트레이닝을 많이들 하는데, 사실 나는 실패 경험이 더 많다. 아무리 좋은 루틴을 배우고, 좋은 기구를 사서 써 봐도 결국은 빨래 건조대가 되거나 친구에게 중고로 판매하는 수순을 밟게 된다. 웬만한 의지가 아니고서는 혼자 운동을 꾸준히 하는 게 어려우니, 여유가 있으면 운동 센터에 등록해 도움을 받는 걸 추천한다. 트레이너의 역할이 별거 없는 것 같아도, 운동은 내가 정말 죽겠다 싶을 때 '마지막 한 번 더'가 핵심이다. 혼자서는 힘들다 싶을 때 딱 포기하게 되는데, 트레이너가 옆에서 파이팅을 외쳐 주면 마지막 한 번을 더 해낼 수 있다.

　　꼭 감량 목표가 있어서 운동 센터를 다니는 게 아니라, 어떤 운동이든 좋으니 나에게 잘 맞는 것을 선택해서 그 순간만큼은 내 몸에 집중해 땀 흘리는 시간을 갖도록 하자. 하루 종일 걷고 일하는 것 같아도 자세히 살펴보면 우리 몸에서 전혀 사용하지 않고 도태되는 근육들이 많다. 그 근육을 하나하나 발견하고 되살리는 과정이 처음에는 힘들겠지만, 꾸준히 체력을 키우다 보면 진정한 자산이 된다.

집에서 하루 10분 운동 루틴

　　나는 집에서는 맨몸으로 간단히 할 수 있는 동작들을 틈틈이 해주는 편이다. 물론 매일 한다면 최상이지만, 나로서는 그렇게까지 하긴 어려워서 부엌에서 요리를 하다가, 청소를 하다가 중간중간에 할 때가 많다. 나는 전신 운동인 플랭크나 예쁜 힙 라인을 만들어주는 하체 운동을 주로 하는 편이다. 우리나라 여성들 대부분이 허리 밑이 꺼져 있고 그 아래에 엉덩이가 있어서, 허리 위쪽의 근육을 만들어줘야 뒤태가 예뻐 보인다. 특히 청바지 방송이 있을 때는 뒤태가 정말 중요하기 때문에 애플힙을 만드는 운동에 전념한다.

　　동작 설명글을 쓱 읽으면 '간단한데?'란 생각이 들지만,

막상 해보면 땀이 줄줄 흐를 만큼 힘들다. 그래서 한두 번 하다가 그만두거나 대충대충 하게 된다. 그러나 집에서 혼자 운동할 때 중요한 건 횟수를 채우는 것보다 정확한 자세를 만드는 데 집중해야 한다는 점이다. 대충 30번을 하는 것보다 천천히, 그 부분의 근육을 느끼면서 10번 하는 게 훨씬 낫다. 꼭 명심하자!

WANNABE CARE

집에서 하는 운동 루틴

스쿼트(허벅지 운동)

① 자신의 어깨너비만큼 발을 11자로 벌리고 똑바로 선다.

② 손을 앞으로 나란히 뻗은 뒤 엉덩이를 뒤로 빼며 앉아준다. 이때 다리는 무릎이 자신의 엄지발가락보다 앞으로 나오지 않게 해야 한다.

③ 상체는 너무 수그리지 않고 세워 올려 허리가 펴지도록 한다.

④ 엉덩이 힘에 집중하며 올라온다.

브릿지(허리 운동)

① 발을 올릴 사물을 준비한 뒤 허리 아래 공간이 생기지 않도록 복부에 힘을 주고 바닥에 눕는다.

② 엉덩이부터 허리까지 서서히 들어 올린다.

③ 엉덩이가 올라간 상태에서 허리를 더 많이 들어 올린 뒤 흉곽이 벌어지지 않도록 닫아준다. 배꼽 아래쪽은 쏙 집어넣는 느낌이 들어야 한다.

내 몸은 일상의 기록!

④ 몸이 일자 형태를 유지하게 하고 엉덩이 부분 근육에 더 힘을 줘서 지탱한다.

⑤ 등부터 허리, 엉덩이 순으로 천천히 내려온다.

크램쉘(관절 운동)

① 무릎을 구부려 옆으로 돌아 누운 상태에서 뒤꿈치를 붙여 발목은 고정한 상태로 무릎을 들어 올린다.

② 어깨가 같이 올라가지 않게 복부에 힘을 주어 자세를 잠시 유지한 뒤 내려준다. 허벅지보다 엉덩이 근육의 힘으로 들어 올린다는 느낌이 포인트다.

프로그(힙업 운동)

① 치골을 바닥에 눌러준 상태에서 엉덩이 근육의 힘으로 무릎을 쭉 들어 올린다.

② 무릎을 올렸을 때 골반이 심하게 꺾이지 않아야 한다. 승모근에 힘이 들어가지 않도록 주의한다.

스탠딩 킥(뱃살 운동)

① 벽이나 의자, 식탁 등 가까이 있는 사물을 잡고 선다.

② 골반이 말리지 않게 등을 펴고 무릎을 약간 굽힌 상태에서 엉덩이를 최대로 뒤로 빼준다.

③ 지탱하고 있는 다리 쪽 엉덩이에 중심을 두고 반대쪽 다리를 뒤로 들어 올린다.

④ 몸을 지탱하는 손에는 힘을 주지 않고 다리 쪽 엉덩이에 힘을 줘야 한다.

※ 유튜브 동가게TV, '월간 동지현 10월' 영상을 참고하세요.

WANNABE NOTE

운동 효과를 높여주는 습관

운동하기 전에는 심장박동수를 올려주면 효과가 좋고 살도 잘 빠진다. 나는 저혈압이라서 심박수를 올리기 어려워, 운동하기 전에 아메리카노나 녹차 등 카페인 음료를 마시고 시작한다. 물론 운동이 끝난 직후에는 아무것도 먹지 않는다. 운동 직후에 먹으면 그게 100% 몸에 흡수되기 때문에 운동했다고 마음 놓고 고칼로리 음식을 먹는 건 금물이다.

근육을 만들고 싶다면 우유, 바나나, 호두를 갈아 만든 운동용 셰이크를 운동이 끝난 후, 삼십 분에서 한 시간쯤 사이에 먹는다. 다만 이 방법은 내 경험상으로는 도움이 되었지만 검증된 사실은 아니기에 개인차가 있을 수 있다.

운동 효과를 높여주는 아이템

집에서 간단하게 쓸 수 있는 아이템을 이용하면 맨몸으로 하는 것보다 운동 효과를 높일 수 있다. 손바닥만 한 아이템도 의외로 운동이나 스트레칭을 할 때 활용도가 높다. 추천하는 아이템으로 폼롤러, 루프밴드, 아령, 필라테스 링 등이 있다. 나는 가벼운 루프밴드 같은 건 출장 갈 때 들고 다니면서 쓰기도 한다.

내 몸은 굽이굽이 국도일까,
쫙 뻗은 고속도로일까

나는 방송을 할 때 항상 화면 왼쪽에 앉아 가운데에 있는 게스트를 바라보기 때문에 늘 틀어진 자세로 앉는다. 의자에 앉아 있을 때 사타구니가 접히는 것도 림프가 뭉쳐 좋지 않은데, 다리까지 꼬고 앉으면 그게 또 한 번 접히는 거라서 바른 자세와는 더 멀어진다. 몸은 한 군데만 비뚤어지는 게 아니라 전체적으로 같이 움직이기 때문에 내 몸이 어느 쪽으로 틀어져 있는지 자주 확인하고 반대쪽으로 움직여 교정해줘야 한다.

여성들은 임신을 하면서 몸이 안쪽으로 말리는 경우가 많다. 배를 보호하는 시스템으로 몸이 바뀌면서 목이나 어깨가 안쪽으로 휘는 것이다. 사무실에서 일하거나 운전을 많이 해도 마

2019년 이탈리아 밀라노 근처 나빌리오 운하에서
'동가게' 타이틀 촬영.

찬가지다. 생각해보면 우리는 일상에서 숙이고 구부리는 자세는 많이 하는데, 바깥으로 펴주고 꺾어주는 자세를 취하는 일은 거의 없다. 그러니까 일부러라도 몸의 접힌 부분을 스트레칭해서 자주 펴주어야 한다.

특히 나처럼 평소에 틀어진 자세로 앉아 있거나 다리를 자주 꼬고 있다면, 다리의 접히는 부분을 자주 풀어주는 게 좋다. 선 채로 한쪽 다리를 뒤로 구부린 채 같은 쪽 팔로 쫙 당겨 허벅지에 자극을 주는 스트레칭 자세를 틈틈이 해주는 것도 많은 도움이 된다.

내 몸은 일상의 기록!

몸의 순환을 돕는 림프 스트레칭

굽은 등 스트레칭

① 폼롤러를 날개뼈 아래쪽에 놓고 눕는다.

② 머리를 양손으로 지탱한 뒤 허리가 꺾이지 않도록 엉덩이를 들어 올린다.

③ 시선은 무릎에 두고 폼롤러를 위아래로 밀어 롤링해준다.

겨드랑이 스트레칭

① 겨드랑이와 날개뼈가 있는 쪽에 폼롤러를 두고 눕는다.

② 폼롤러를 위아래로 롤링하거나 앞뒤로 움직이면서 근육이 뭉친 부분을 풀어준다.

날개뼈 스트레칭

① 폼롤러를 일자로 둔 뒤 꼬리뼈를 폼롤러 끝부분에 두고 중앙에 맞춰 눕는다.

② 다리를 지면과 90도가 되도록 세워 균형을 잡은 뒤 팔을 귀 뒤로

올려준다.

③ 두 팔을 직각으로 만들면서 아래로 천천히 내린 뒤 가슴을 펴준다.

어깨 스트레칭

① 두 팔을 앞으로 올린 뒤 손끝으로 천천히 원을 그린다고 생각하
며 팔을 돌린다.

② 팔을 위로 올릴 때 어깨가 으쓱 올라가지 않도록 주의한다.

가슴 스트레칭

① 옆으로 누운 상태에서 앞으로나란히를 해준다.

② 위쪽의 팔을 앞으로 길게 뻗은 뒤 천천히 위로 올려 가슴을 열어
준다.

③ 골반을 고정해준 상태에서 어깨를 바닥 쪽으로 천천히 누르듯
내려준다.

다리 스트레칭 1

① 바닥에 앉아 한쪽 다리를 사선으로 쭉 뻗는다.

② 그 상태에서 손과 팔꿈치를 바닥에 내려준다.

③ 엉덩이가 뜨지 않는 정도로 최대한 상체를 내린 상태에서 유지
한다.

다리 스트레칭 2

① 한쪽 다리를 쭉 뻗은 뒤 반대쪽 발을 안쪽 허벅지 쪽으로 가져온다.

② 골반을 약간 틀어준다.

③ 뻗은 다리의 반대 손을 허리 뒤로 보내서 골반 위에 올려준다.

④ 그 상태에서 뻗은 다리 쪽의 손으로 앞에 위치한 발을 잡아준다.

⑤ 몸을 완전히 틀어 가슴은 다리와 일직선으로 만들고 시선은 천
   장을 향한다.

다리 스트레칭 3

① 누워서 한쪽 다리를 천장 쪽으로 최대한 뻗은 뒤 손으로 발바닥
   을 잡아준다.

② 어깨는 바닥에 붙어 있도록 유지한다.

③ 그 상태에서 뻗은 다리의 반대편 손을 골반 위에 올린다.

④ 뻗은 다리를 골반 위에 올려진 손 반대쪽으로 천천히 내려준다.

⑤ 제자리로 돌아와 반대 손으로 교체해 잡은 뒤 이전과 반대 자세
   로 내려준다.

※ 유튜브 동가게TV, '라운드 숄더 교정 &
다리붓기 빼는 스트레칭 꿀팁' 영상을 참고하세요.

바른 자세 유지하기

항상 배에 힘을 주고 허리를 꼿꼿하게 세우는 것도 바른 자
세를 유지하는 좋은 습관이다. 배에 힘이 들어가고 긴장한
상태에서는 다른 부위가 흐트러지지 않기 때문이다.

내 몸은 일상의 기록!

강철 체력을 위한 시크릿 아이템

어릴 때부터 병원을 자주 드나들다 보니 체력의 소중함은 그 누구보다 절실하게 느끼곤 했다. 지금도 운전을 오래 하고 목을 많이 써서 체력 소모가 클 뿐 아니라, 중학생 아들까지 키우다 보니 체력을 유지하는 것만큼 중요한 게 없다. ('엄마'는 사실 몸으로 하는 일이라 체력이 재산이다!) 그래서 나에게 부족한 에너지를 보충해줄 수 있는 각종 영양제를 꼭 챙겨 먹는다. 사실 영양제를 사놓기만 하고 막상 챙겨 먹는 건 깜빡하기 쉬운데, 다이소 같은 곳에서 파는 약 보관통에 넣어가지고 다니며 외출해서도 잊지 않고 먹으려고 한다.

아침 일찍부터 밤늦게까지, 가끔은 해외 스케줄도 촘촘하게 소화해야 하는 나의 체력을 유지해주는 몇 가지 아이템을 소개한다. 비타민계 에르메스라 불리는 오쏘몰은 잇 아이템이다. 한 방송에서 유명 여배우가 독일에 가면 꼭 사는 영양제라고 해서 많이 알려지기도 했다. 특히 면역력이 약하거나 피곤을 잘 느끼는 사람에게 효력이 좋다. 그리고 한 가지 더! 프로폴리스는 내게 없어서는 안 될 영양제이다. 이 닦을 때는 물론 목이 따끔거리거나 감기 기운이 있으면 무조건 챙겨 먹는다. 다만, 모든 영양제는 사람마다 효과와 부작용이 다를 수 있으니 참고는 하되 전문가와 상담 후 복용하는 것을 권한다.

내 몸은 일상의 기록!

강황

주로 경동시장에서 환으로 만든 강황을 사서 매끼 한 번에 10알 정도씩 먹는다. 감기 예방에 도움이 되고 항염증 작용에도 좋은 효과를 가지고 있다. 게다가 항산화 성분도 있어 노화 예방에 도움이 된다.

공진단

순금 덩어리처럼 생긴 공진단은 비싸지만, 체력 보충에 정말 효과적이다. 공복에 천천히 씹어서 먹으면 되는데 효과를 쭉 보려면 이틀에 한 번씩, 스무 알 정도를 연이어 복용하는 것을 추천한다.

애터미 헤모힘

면역 기능 개선에 도움을 주는 건강기능식품으로 10년쯤 꾸준히 먹고 있다. 맛도 역하지 않고 목 넘김도 좋아서 거부감 없이 잘 넘어간다. 피곤함을 잘 느끼는 분들에게 추천한다.

오쏘몰

아침 식사를 할 때 알약과 진한 액상형 드링크를 함께 마셔 복용한다. 면역력을 높이고 피곤함을 줄여주는 효과로는 강력 추천하지만, 한 세트 먹으면 한 달 정도 쉰 다음 먹는 것이 좋다.

프로폴리스

내가 목을 많이 쓰면서도 감기에 걸리지 않는 이유는 바로 프로폴리스 덕분이다. 나는 프로폴리스 원액을 항상 집이나 차에 상비해둔다. 사실 40도쯤 되는 고량주를 마시는 느낌이라 원액 그대로 먹기가 좀 힘들지만, 감기 기운이 있거나 목이 칼칼할 때 챙겨 먹으면 다음 날 바로 멀쩡해질 만큼 나랑 잘 맞는다.

나는 정말 '잘 자고' 있을까?

    잠은 정신 건강은 물론이고 피부 건강에도 큰 영향을 준다. 잠이 부족할 때와 푹 자고 일어났을 때의 차이는 아침에 메이크업을 해보면 바로 느껴진다. 나는 보통 스케줄이 있을 땐 자정쯤에 잠들어서 새벽 다섯 시에 일어나는데, 푹 잘 수 있는 날에는 아홉 시간쯤 자면 한결 개운하다. 하지만 수면 시간 자체보다는 얼마나 편안하게 숙면을 취하는지가 그날의 컨디션을 결정하는 것 같다.

    쇼호스트는 목이 생명이다 보니, 장마 때를 제외하면 가습기는 항상 틀어놓는다. 적절한 습도를 유지해야 감기에 걸리지 않기 때문에 우리 집 발뮤다 가습기는 늘 침대 옆에 붙어 자리하고 있다. 가끔 목이 너무 건조하다 싶을 때는 면봉에 바세린을 살짝 묻혀 콧속에 바르고 자면 훨씬 좋다. 자기 전에 피부가 예민한 듯하면 수면팩을 하기도 하는데, 특히 피부과에 다녀온 날은 가벼운 물 세안도 하지 않고 그대로 재생크림에 미키모토 수면팩 같은 걸 올리고 잔다.

　　수면 환경 중에 건조한 것 외에는 특별히 예민한 편은 아니지만, 베개는 조금만 불편해도 자주 바꿔주면서 신중하게 고른다. 나는 뒤통수가 짱구로 튀어나와 있고 머리에 비해 목이 얇은 편이라 조금이라도 불편한 베개를 쓰면 금방 목이 뻐근해진다. 베개 높이는 목주름과 직결되다 보니 아예 베개를 쓰지 않는 분들도 있는데, 나는 그렇게 하면 목이 불편해서 낮은 메모리폼 소재 베개를 주로 쓴다.

　　잘 때는 완벽하게 암막 커튼을 쳐놓고 자는 것이 좋다. 조금만 빛이 들어와도 눈은 눈꺼풀 안에서 계속 움직인다고 한다. 자는 동안 눈이 끊임없이 운동을 하게 되면 눈도 눈이지만, 뇌도 푹 잠들기 어렵다. 오래 잔 것 같은데도 왜 이렇게 찌뿌둥한가 싶을 때, 혹시 빛 때문에 눈이 계속 운동하고 있었던 것은 아닌지 체크해보는 게 좋다.

　　침대에 눕기 전에 내가 의식처럼 꼭 하는 것이 있는데, 숙면에 도움이 된다는 아로마 향을 침구에 뿌려주는 것이다. 내가 주로 쓰는 건 슬립 쏘메일Sleep Sommeil이라는 라벤더 카모마일

스프레이 제품이다. 종종 잠을 설치기도 하는데, 나는 불면증 때문에 스트레스를 받기보다는 수면에 집착하지 않는 마인드를 가지려고 노력한다. 누우면 잠이 금세 올 때도 있지만 또 가끔은 못 잘 때도 있는 것이다. 이틀쯤 못 자면 다음 날은 잘 자겠지, 하고 무던하게 생각하려고 한다. 매일 숙면을 취해야 한다는 압박이 오히려 휴식에 방해하는 때도 있기 때문이다.

유난히 고된 하루, 이 또한 지나가리

쇼호스트는 일에 대한 결과치를 실시간으로 확인하는 직업이다. 많은 사람들이 함께 준비한 것으로 우리가 보여주고 싶은 걸얼마나 잘 전달하느냐가 내게 달려 있으니 그 순간에 정말 고강도의 스트레스를 받는다. 스트레스가 만병의 근원이라고 하는데, 정말 정신 건강이 신체에 직접적인 영향을 준다는 게 느껴진다. 쇼호스트 중에는 젊을 때 새치가 생기는 사람들도 많고, 소화불량이나생리불순은 기본이다. 심지어 내 주변에는 암 환자도 있었다.

매주 스케줄표가 나오는데 그것도 마치 성적표를 받는 것과 비슷하다. '내가 런칭한 제품을 왜 저 사람이 하지? 왜 이 시간대에 저 사람이 들어갔지?' 이런 내용을 일일이 확인하면서 일희

일비하는 것만큼 괴로운 일이 없다. 하지만 20년쯤 쇼호스트로 일하다 보니 어떤 날은 반응이 폭발적일 때도 있고, 또 어떤 날은 매출이 떨어질 때도 있고 결국 그런 날들이 모여 평균적인 그래프를 만드는 것이다. 그래서 기대에 미치지 못했더라도 '지난번에 잘했으니까 괜찮아.' 생각하며 금방 잊으려고 한다. 방송에 들어간 순간에는 고도로 집중하되, 일이 끝나고 나면 최대한 마음을 무던하게 먹고, 다음을 준비하는 것이다.

특히 우리 일의 특수성을 누구보다 잘 이해하는 것은 결국 함께 일하는 동료들이기 때문에, 서로 의지가 되어주려고 한다. 다만 아이를 키우는 워킹맘도 많아서 의기투합해 저녁 회식이라도 하면 그게 또 다른 스트레스가 될 수 있다. 게다가 밥 먹는 시간도 불규칙해 친한 동료끼리 식사하러 가는 것도 쉽진 않지만, 종종 시간을 맞춰 점심에라도 맛있는 걸 먹으며 수다를 떤다. 그런 소소한 시간들이 바쁜 일상에 쉼표를 찍어주는 것 같다.

한번은 회사 엘리베이터를 탔는데, MD로 보이는 분이 누군가와 통화하면서 "오늘 30%밖에 안 나와서 정말 죽고 싶어."라고 말하는 걸 보고 깜짝 놀랐다. 물론 일도 중요하지만 그건 내 인생의 전부가 아닌 일부다. 사람이 죽고 사는 중차대한 문제도 아니지 않은가! 살다 보면 일적인 스트레스보다 더 크고 심각한 일도 많이 일어난다. 가족, 친구 등 인생에서 정말 중요한 것들을 잘 지켜나가는 것만으로도 이만하면 꽤 괜찮은 삶인지 모른다.

　　　　내 몸은 일상의 기록!

살다 보면 좋은 일도 생기고 나쁜 일도 생긴다. 오르락내리락하면서 나의 인생 그래프를 만든다. 항상 좋은 일만 있을 수 없고, 반대로 나쁜 일만 있을 리도 없다. 생각해보면 나는 대학생 때까지도 이렇다 할 꿈이 없고 어떻게 살아야 할지 고민했다. 얼떨결에 승무원이 되고 쇼호스트가 되면서, 이 일을 꿈꿔온 사람들에게 미안하고 창피한 일이 아닌가 자책하기도 했다.

하지만 저 멀리까지를 내다보고 꿈꾸지 않았더라도, 지금 내 앞에 놓인 상황에서 최선을 다하는 것이 나를 한 걸음씩 성장하게 했다. 부족하고 힘든 게 많았지만 그럴수록 하나씩 내가 할 수 있는 일을 찾아 조금씩 나아지려 노력하는 수밖에 없었다. 잘 풀리지 않을 때는 그저 지금은 내가 인생 그래프에서 그런 시기에 놓여 있는 것이라고 생각하며 나를 토닥인다.

각자의 상황마다 고충은 넘쳐날 것이다. 나도 예전에는 나만 제일 힘들고 끔찍한 길에 놓였다고 생각할 때가 있었다. 하지만 시간이 지나고 돌이켜 보면 그 일도 그렇게 심각한 것은 아닐 때가 많았다. 이제 나도 업계에 선배보다 후배가 많은 시기를 보내고 있는데, 힘들어하는 친구들에게 다른 시야를 보여줄 수 있는 어른이 되어야겠다는 생각을 한다. 일일이 걱정해서 해결된다면 다행이지만 세상에는 우리가 어찌할 수 없는 일들이 많다. 내가 할 수 있는 것은 최선을 다해서 하되, 어쩔 수 없는 것은 지나가게 두어야 하는 것 같다. 지나가고 나면 또 좋은 일이 올 것이니!

WANNABE

DONG

JI HYUN

Chapter 4.

이제,
나라는 브랜드를
완성할 시간

내 인생의 주인공은 나야 나

지금은 카메라 앞에서 유창하게 고객들과 소통하는 쇼호스트가 되었지만, 어릴 때는 항상 남들 뒤에 숨듯이 서 있는 아이였다. 학교 다닐 때 친구들 앞에서 발표할 일만 있어도 얼굴이 빨개지곤 했다. 그러니 방송을 업으로 삼는 쇼호스트가 된다는 건 그때만 해도 상상도 못할 일이다.

사실 내 직업의 변천사는 우연한 계기가 작용한 부분이 크다. 쇼호스트가 되기 전까지는 승무원이었다. 당시 대한항공 채용 공고를 보고 응시하면서도 체력이 약해서 별 기대를 하지 않았는데, 운이 좋게도 체력 테스트까지 통과해 덜컥 붙은 것이다. 그때만 해도 진지한 마음보다는, 인턴으로 시작해도 다른 아르바이트보다 돈을 많이 벌 수 있으니 한번 해보자 하고 일을 시작하게 됐다.

햇수로 6년 정도를 승무원으로 일하면서 값진 경험을 많이 쌓았지만 힘든 점도 많았다. 그중 제일 힘들었던 건 직업 특성상 시간에 있어서 단 1분의 오차도 허용되지 않는다는 점이었다. 승무원이라고 하면 단정하고 우아한 이미지가 먼저 떠오르지만, 나에게 승무원이란 옷이 젖을 때까지 뛰어다녀야 하는 직업이었다. 비행시간까지 그 누구도 지각하면 안 되기 때문에 조금이라도 지체된다 싶으면 정말 피가 바짝바짝 마른다. 나는 너무 급해서 올림픽대로에서 차를 버리고 뛴 적도 있다. 그러다 보니 이러다 내가 죽겠다 싶었다. 그쯤 되니 내가 직업적으로 바라는 것은 단 하나, 걸어 다닐 수 있는 회사를 다니는 것이었다. 한 번쯤은 지각하고도 "지각해서 죄송합니다."라고 말할 수 있고, 혹은 아파서 당일 연차를 써도 허용될 수 있는 그런 일을 하고 싶었다.

걸어서 통근할 수 있는 집 근처의 회사 열 군데에 이력서를 넣었다. 솔직히 그땐 할 수 있는 일이 없으면 잔심부름 아르바이트라도 하자는 심정이었다. 그런데 다 떨어지고 유일하게 붙은 곳이 바로 CJ였다. 원래는 텔레마케터를 교육하는 마케팅 부서에 지원했는데, 회사 측에서 이력서를 보고는 쇼호스트 테스트를 받아 보기를 권했다. 그렇게 5차 면접까지 보고 합격해서 본격적으로 쇼호스트 일을 시작하게 됐다.

이제, 나라는 브랜드를 완성할 시간

어찌 보면 우연히 시작하게 된 일이지만 승무원과 쇼호스트는 전혀 다르면서도 한편으로는 비슷한 점이 많았다. 아이러니하게도 쇼호스트 역시 시간을 칼 같이 맞춰야만 하는 직업이었지만, 승무원 시절 몸에 밴 여러 가지 습관이 많은 도움이 됐다. 특히 승무원과 쇼호스트는 모두 사람들 앞에 항상 완벽한 모습으로 등장해야 한다. 승무원 때는 한 번 제복을 맞추면 새것으로 교환하더라도 사이즈를 다시 재는 경우가 거의 없기 때문에 체중이 달라지면 안 되었다. 뿐만 아니라 립스틱 색깔부터 손톱, 머리카락, 향수, 인사하는 방법까지 비행 전마다 꼼꼼하게 체크 받아야 했다. 자기 관리를 철저히 해야 했던 직업이라 쇼호스트를 하기 전부터 내 몸을 체크하고 관리하는 습관이 들었던 셈이다.

지금도 나 자신에 대해 느슨해지기가 어렵다. 화면에서는 내 체형보다 30%쯤은 더 크게 나오는 데다가 아이템에 따라 손발톱까지 클로즈업된다. 귀걸이 방송을 할 때는 누군가에게 그렇게 자세히 보여줄 일이 없는 귓속까지도 체크해야 한다. 내가 화면에서 어떻게 보이는지에 따라 그날의 매출 차이도 많이 난다. 내가 내 모습에 만족할 수 없다면 나 자신뿐 아니라 이 일을 위해 노력하는 여러 사람들에게 미안한 일이 되는 것이다. 사실 너무 까다롭고 어떨 때는 괴롭기도 한 일이지만, 궁극적으로 그 결과물이 보람차고 내게 자신감과 자부심을 주기도 해 원동력이 된다.

물론 나이가 들면서 주름이 생기고 살도 찌는 것은 자연스

1995년 대한항공 승무원 신입 시절.
오래전 사진이라 많이 낡았지만 풋풋했던 때가 새록새록 생각난다.

러운 일이다. 게다가 나이에서 오는 한계를 느끼기도 한다. 그런
데 재미있는 건 '한 번만 더 해보자.' 생각하고 열심히 하다 보면
어느 순간 한 뼘 더 성장해있다. 나이도, 외모도, 그리고 내면까지
도 내가 가지고 있는 모든 조각이 모여 '나'를 완성한다. 내가 소
중히 가꾸고 다듬은 삶의 조각들을 맞춰가면서 새로운 나를 발견
하는 것도 인생에 숨어 있는 행복을 찾는 과정인 셈이다.

이제, 나라는 브랜드를 완성할 시간

예전이 좋았다?
지금, 나의 가장 빛나는 순간

40대를 넘어서며 나도 모르게 벽에 가로막힌 듯했다. 지치고 힘든 마음에 일을 그만둬야겠다고 마음먹었던 시기가 있었다. 이제 그만 은퇴해야 할 때가 아닌지 너무 고민이 돼서 배우 유지인 선생님께 상담을 청했다. 내가 살아오면서 참 잘했다고 생각하는 것이 있다면, 인생의 고비마다 또래가 아닌 인생의 선배님들께 상의했다는 점이다. 경험치가 비슷한 또래 친구들은 "너도 그래? 맞아, 나도 그래." 하고 동조는 해줄 수는 있지만, 방향을 제시해주는 경우는 별로 없다. 하지만 어른들은 미처 생각지 못한 길을 제시해줄 때가 많다.

　"저 이 일을 14년 동안 했는데 이 정도면 쉬어도 되지 않아요? 40대 초반이면 나이도 많이 먹었잖아요." 내가 그랬더니 선생님이 대뜸 "너 미쳤니?" 하고 대꾸하셨다. 한창 일해야 할 나이인데, 왜 그런 소리를 하느냐는 거였다. 머리를 한 대 뻥 하고 맞은 기분이었다. 선생님이 보시기에 40대는 아직 젊고 예쁜 나이인데, 우리는 항상 20, 30대를 기준으로 생각하다 보니 지레 젊음이 끝난 듯이 느꼈던 것은 아닐까.

우리나라는 유독 나이에 박한 느낌이 있다. 특히 여성들은 결혼을 하고 아이를 낳아 기르면서 이제 여자보다는 엄마로서 살아가야 할 것 같은 압박을 느끼기도 한다. 40대가 넘어서 아름다움을 욕심내면 안 될 것 같은 묘한 중압감에 모든 가능성을 포기해버리는 경우도 많은 것 같다. 나 역시 20대에 일찍 결혼하고 아이를 키우는 엄마가 되었지만, 그런 기분이 들 때면 나보다 더 나이를 먹은 어른의 시선에서 지금의 나를 보려고 한다.

인생 전체를 놓고 보면 너무 짧기만 한 20대의 청춘에 나의 가능성과 아름다움을 모두 써버렸다고 생각하면 정말 아까운 일이 아닌가. 돌이켜보면 사람마다 가장 아름다운 빛을 내는 시기가 천차만별로 다르다는 걸 느낀다. 한때 SM에서 엑소나 레드벨벳, 에프엑스 등 아이돌에게 발성이나 화법을 가르치는 트레이닝을 했었는데, 그러다 보니 오디션을 보러 오는 어린 친구들을 많이 보게 됐다. 그런데 캐스팅 담당자들은 그런 친구들에게 "너는 아직 얼굴이 완성되지 않았어.", "넌 벌써 얼굴이 완성됐네." 같

매거진 〈코스모폴리탄〉과 함께한 칸 화보촬영.
기분 좋은 날씨에 예쁜 스타일링, 소중한 사람들과 함께해 즐거운 작업이었다.

은 말들을 했다. 얼마나 예쁘고 잘생겼는지의 문제가 아니라, 사람마다 자신만의 얼굴이 완성되는 시기가 다르다는 것이다.

나는 개인적으로 30대 후반쯤에야 얼굴이 완성되었던 것 같다. 예전 사진을 보면 눈빛이나 표정이 불안정한 느낌이 든다. 40대 초중반에 이르러서야 비로소 안정적인 시기에 접어들었다는 생각이 들었다. 그러면서 점차 나에게 가장 잘 어울리는 모습을 알게 되었고, 내가 가장 편안하고 행복한 방법을 찾게 됐다. 우리 엄마는 해가 지날 때마다 나를 보면서 "너 작년에는 정말 예뻤는데." 하신다. 그러면 "난 지금이 좋아." 라고 대답한다. 지난 시간에 미련을 두기보다, 지금 이 순간이 나의 가장 예쁘고 빛나는 순간이라고 생각하면 어떨까?

우리는 나이가 들면서 매 순간을 처음으로 맞이한다. 그걸 늙어가는 과정이라고도 생각할 수 있지만, 나는 완성되어 가는 과정이라고 생각한다. 살면서 나 자신에 관해 점점 더 많이 알아가고 있는 만큼, 나이가 들수록 가장 나다운 모습을 찾아가게 되는 것이라고 말이다. 사실 예전에는 우아하고 중후하게 늙어가야 한다고 생각했다. 브랜드로 비유하자면 어릴 땐 스트리트 패션의 MSGM이었다가, 구찌로 넘어가서 연륜 있는 에르메스에 정착하는 느낌이라고나 할까?

그런데 지금 생각해보면 그땐 지금보다 훨씬 어렸는데 왜 그렇게 애늙은이처럼 생각했는지 모르겠다. 내가 더 나이가 들어

이제, 나라는 브랜드를 완성할 시간

서 "그때 그걸 왜 못했지?"라고 후회하지 않도록, 차라리 '에라, 모르겠다.'라는 마음으로 하고 싶은 건 뭐든지 다 해보고 싶다. 무조건 안 된다고 생각하지 말고, 미리 포기하고 멈춰 있을 시간에 무엇이라도 시도해보면 한 걸음 더 나아갈 수 있다. 10년 뒤의 내가 지금의 나를 돌아봤을 때, 자신감 없는 모습이라면 얼마나 바보 같고 우스울까? 나이 들어가는 것에 미리 성급하게 느끼지 말고, 젊고 아름다운 중년의 시간을 충분히 누렸으면 좋겠다. 50대나 60대가 되면 우리는 또 지금으로선 상상할 수 없는 새로운 나를 마주하게 될 것이다. 그때의 나는 지금과 다른 어떤 빛깔로 빛나고 있을까, 나는 자못 기대가 된다.

방송용으론 꽝! 혹평을 딛고 만든 목소리

지금은 방송을 통해 내 말이 귀에 쏙쏙 들어온다는 칭찬을 많이 듣기도 하고, 나름대로 신뢰감을 주는 목소리라고 자부하지만, 신입 시절에는 목소리에 대한 혹평을 정말 많이 들었다. 내 목소리 톤 자체가 높은 데다가 승무원 때의 기내 방송용 어조에 너무 익숙해져 있었던 탓이다. 당시 한 PD가 "넌 연인의 목소리로는 오케이지만 방송용 목소리로는 꽝이야."라고 말했던 게 아직도 기억난다. 목소리가 좋든 아니든 이 일을 하기에는 적합하지 않다는 냉정한 평가에 내심 충격을 받았다. 나의 쓸모는 딱 거기까지라는 선언처럼 느껴졌던 것이다. 상처이긴 했지만 내가 생각해도 틀린 말은 아니었다.

이제, 나라는 브랜드를 완성할 시간

더구나 홈쇼핑에서는 목소리가 정말 중요하다. 당시에는 10분 정도 카메라에 얼굴이 잡히면, 그다음 10분은 목소리만 나가는 식으로 교차되는 경우가 많았다. 목소리만 나가는 구간이 매우 길기 때문에 발음이 명확하고 신뢰감 있는 목소리 자체의 힘이 커야 했다. 보통 낭랑한 목소리보다는 중성적으로 줄타기를 하는 낮은 목소리가 더 인상적으로 전달된다. 나는 그런 목소리를 배우기 위해 성우나 배우 출신의 남자 선배들을 쫓아다녔다. 어떤 톤으로 말해야 하는지, 어디에 강약을 둬야 하는지, 어디에 힘을 주고 소리를 내야 하는지 일일이 배우고 학원도 다니며 어마어마하게 공부했다. 지나친 연습으로 목소리가 안 나와 종합병원 음성과를 다녀야 할 정도였다. 지금의 내 목소리는 100% 그런 연습을 통해 만들어진 것이다. 꾸준히 트레이닝을 하다 보니 지금은 내가 후배들에게 발성을 가르칠 정도가 되었다.

한 사람의 이미지를 만드는 데에는 외모적인 요소도 들어가지만 목소리도 분명 큰 비중을 차지한다. 얼굴은 보지 않고 목소리만으로 그 사람의 매력을 느꼈던 경험이 누구나 있을 것이다. 대부분 사람들이 '참 좋은 목소리'라고 느끼는 것은 '낮고, 정확하고, 힘 있는 목소리'다. 그런 목소리를 내기 위한 트레이닝 방법으로는 일단 복식 호흡을 가르친다. 보통 남성들은 복식 호흡을 쉽게 하는데 여성들은 태어날 때부터 흉식 호흡을 하기 때문에 소리가 가슴에서 나온다. 그래서 배에 힘을 주는 연습을 충분

히 해야 한다. 이게 익숙해지면 핸드볼 공을 이용해 연습한다. 박자를 맞춰서 공으로 배를 딱 때렸을 때, 제대로 힘을 주면 아무리 세게 때려도 아프지 않다. 이렇게 배에 힘을 주면서 발성을 터트리는 방법을 배우다 보면 무게감 있는 톤으로 말하는 게 자연스러워진다.

인턴 기간을 마치고 정식 계약을 할 때, CJ에서는 내가 방송을 너무 못하고 목소리도 좋지 않다면서 다른 동기들보다 낮은 연봉을 제시했다. 그것도 1년 계약이 아니라 6개월 계약을 제시하면서 하려면 하고 싫으면 말라는 식이었다. 입사는 1등으로 했는데 정작 계약 때는 승무원 시절보다 낮은 연봉에 동기들과도 차이가 나서 자존심이 많이 상했지만 내가 봐도 부족한 게 많아 인정하지 않을 수 없었다. 대신 무슨 생각이었는지 맹랑하게 이런 얘기를 했다. "6개월 후, 재계약 협상 테이블에 앉을 땐 절대 이런 이야기를 듣지 않을 겁니다. 기대해 주세요."

그리고 6개월 동안 정말 엄청난 연습을 해서 재계약 때는 많이 달라졌다는 칭찬을 들으며 동기들과 연봉을 맞추게 되었다. 나처럼 직업적 요인 때문이 아니더라도, 목소리는 모든 대화의 기본이자 상대방에게 나의 첫인상을 각인시키는 데 큰 역할을 한다. 듣기 좋은 목소리에 대해 연구를 해보는 것도 내 이미지를 만들어가는 노력 중 하나일 것이다.

WANNABE CARE

유쾌한 대화를 이끄는 화법

상대방의 말에 경청하자

많은 사람들이 그날의 대화가 어땠는지 돌아봤을 때, 자신이 많은 이야기를 했으면 기분 좋은 대화였다고 기억한다. 반대로 상대방에게 오늘 대화가 즐거웠다고 느끼도록 만들고 싶다면, 그 사람의 말을 경청하며 적절한 리액션을 해주는 게 좋다. 화법을 가르칠 때 내가 꼭 기억하라고 강조하는 몇 가지 단어들이 있다.

맞아, 나도 그래. / 내 말이! / 어머, 걔 미친 거 아니니? /
세상에, 진짜?

특히 대다수 남자들이 이 짧은 말들을 꺼내지 못해서 여자들을 속 터지게 만든다. 단순한 것 같지만 이 단어들만 적절히 활용해 호응해도 유쾌한 대화를 할 수 있다.

이제, 나라는 브랜드를 완성할 시간

물어보지 말아야 할 것은 묻지 말자

굳이 물어보지 말아야 하는 것들이 생각보다 많다.

"어디 아파트에 살아?" / "결혼은 왜 안 했어?" / "아이는 몇 학년?" 등

우리나라에서는 이런 것들을 친근감이라는 명목하에 정말 쉽게 물어보는데, 사실 상대방의 사적인 부분을 캐묻는 무례한 질문이 될수 있다. 이런 질문을 단순히 관심이라고 치부하지 말고, 한 번 더생각하고 참는 것도 좋은 대화를 이끄는 방법 중 하나다.

어른이 숏 팬츠에
롤러브레이드 타면 이상해요?

　　우리나라는 유난히 마른 여성에 대한 로망이 강해서 패션에 대한 은연중의 제약도 심한 것 같다. 배꼽티를 입으려면 뱃살이 하나도 없어야 하고, 속옷 끈도 겉으로 보이면 안 돼서 따로 누드 끈을 달아야 하니 말이다. 승무원 시절 난생처음으로 로스앤젤레스에 갔을 때 받은 문화 충격은 잊을 수 없다. 그곳에서는 꽤 살집이 있는 여성들도 아무렇지 않게 배꼽티를 입고 다녔고, 까만색 속옷 끈이 겉으로 다 보여도 아무도 신경 쓰지 않았다. 그때의 나로서는 꽤 충격적이었는데 한편으로는 그들의 자신감 있는 모습을 보면서 저거구나 싶었다. 꼭 말라야 배꼽티를 입고, 엉덩이 살이 없어야 쫄바지를 입을 수 있는 걸까?

이제, 나라는 브랜드를 완성할 시간

그런 걸 보고 겪으면서 나도 마른 몸에 대한 편견이 사라지고 생각이 트이게 되었다. 그러면서 새롭게 시도해본 것들이 생겼다. 그때만 해도 롤러브레이드는 우리나라에서 어린아이들만 타는 것이라고 생각했는데, 외국에서 어른들도 숏 팬츠에 배낭을 맨 채 바퀴 달린 신발을 타고 다니는 걸 보다 왔더니 나도 아무렇지 않게 숏 팬츠에 롤러브레이드를 타기도 했다. 지나가는 사람들이 이상하게 쳐다보는데도 아무렇지 않고 오히려 자신감이 생겼다.

지금의 트렌드나 다른 사람들의 시선을 중요하게 생각할 필요는 없는 것 같다. 내가 입고 싶은 옷이 있다면 뭐든지 입어봤으면 좋겠다. 어울리지 않아도 시도해보는 것이 내 스타일을 찾아가는 과정이다. 그러다 보면 "저번보다 이게 더 예쁘다."란 소리도 듣게 되고, 조금씩 나만의 패션 감각도 생긴다. 가끔 중학생 아들이 정말 기가 막히게 옷을 입고 나올 때가 있는데, 나는 절대 말리지 않는다. 내가 관여해서 이것저것 못 입게 해봤자 어차피 미련만 남는다. 한 살이라도 어릴 때 입고 싶은 대로 입어봐야 나이가 들면서 점차 자신에게 어울리는 스타일을 알게 되는 것이다. 대신 나는 "사진 한 장만 찍어놓자."고 한다. 되돌아봤을 때 깨달음은 본인의 몫이랄까? 사실 지금 옷 잘 입는 친구들도 어릴 때 사진을 보면 다들 가관이다. 그래도 그 단계가 있었으니 지금의 스타일리시한 모습이 완성된 것이다.

　젊은 시절, 내가 마흔이 되고 쉰이 된다면 권사님처럼 성경책이 든 가방에 마담존(고급 중년 여성복 매장)의 옷 같은 걸 입고 다니는 모습을 상상했던 것 같다. 당시에 내가 좋아하던 스타일이 있었는데, 스타일리스트 언니가 "너 이거 마흔에도 입으면 가만 안 둬." 하면서 웃고 그랬다. 그런데 지금 생각해보면 나이별로 정해진 스타일이 따로 있는 것이 아니다. 나는 홈쇼핑에서 판매하는 옷의 샘플을 직접 입다 보니 온갖 스타일의 옷을 다 입어본다. 소비자의 입을 대신하는 게 쇼호스트의 역할이라, 샘플을 먼저 테스트해서 불편한 게 있으면 컴플레인도 걸고 어떤 걸 바꿔 달라고 요청도 해야 한다.

여기에 내 취향대로 산 옷을 믹스해 입으면 나를 주제로 한 놀이 같다는 생각도 한다. 세월이 지나면서 유행도 취향도 바뀌니 패션은 항상 새롭고 무궁무진한 가능성의 세계다. 변화를 두려워하지 말고 즐기다 보면 내가 몰랐던 나의 취향을 새롭게 찾게 될 수도 있다.

나도 여전히 패션에 대해 계속 공부하며 폭을 넓혀가고 있다. 그래야 방송에서도 더 생생하고 입체적인 이야기를 많이 전할 수 있기 때문에 화장품이나 패션에 관한 책도 많이 읽는다. 책에서 발췌한 내용이나 스크랩을 빼곡히 정리한 메모장은 나의 재산이자 보물이나 마찬가지다.

패션에서 가장 중요한 것은 백만 가지 실험을 통해서 나 자신을 파악하는 것이라고 생각한다. 두려워하지 말고, 되도록 어렸을 때 가능한 한 많은 실험을 해보자. 패셔니스타 연예인이 입었던 옷이더라도 나에게 어울리지 않으면 굳이 따라할 필요 없다. 나에게 어울리는 스타일을 찾아가는 과정이 어렵게 느껴질 수도 있지만, 새로운 나를 발견하는 계기가 되어줄 것이다.

패션 입문자에게 추천하는 도서 목록

①《디자이너를 위한 섬유소재》, 이순재 편저, 교문사, 2017.

섬유의 특징이나 사용되는 곳에 대한 설명이 있어 옷을 매치할 때 도움이 된다. 실제 견본이 붙어 있어 만져보고 촉감을 알 수 있어서 좋다.

②《색의 유혹》, 에바 헬러 저, 예담, 2002.

우리가 모르고 있는 색에 대해 알려주는 책이다. 색과 심리를 주제로 한 이야기도 있고, 색에서 유래된 이름이나 언어에 관한 내용도 있어서 다양한 지식을 쌓을 수 있는 책이다.

③《패션을 뒤바꾼 아이디어 100》, 해리엇 워슬리, 시드포스트, 2012.

패션을 바꾼 아이디어로 브래지어, 보그, 샤넬 No.5, 나일론 등 그야말로 새로운 패션을 보여준 아이템들이 사진과 함께 설명되어 있다. 패션에 관심 있는 사람이라면, 재미있게 볼 수 있다.

나만의 기본템을 만들자

직업상 해외에 자주 나가다 보니 전 세계 패션 트렌드를 접할 기회가 많다. 자라 ZARA 같은 곳은 그 어디보다 트렌드를 제일 빨리 접수하는 곳이라 매장을 한 바퀴 돌면 패션 트렌드를 한눈에 파악할 수 있다. 이런 경험이 공부가 되기도 해서 나는 자라 같은 SPA 브랜드에서도 자주 쇼핑하는 편이다. 하지만 사실 옷 시장은 한국이 정말 뛰어나다. 전 세계 어디를 가도 동대문 시장처럼 방대하면서 새벽까지 불이 켜져 있는 곳을 본 적이 없다.

홈쇼핑 의류 샘플을 테스트하는 일이 많아서 입어봐야 할 옷이 정말 많지만, 그 와중에도 나를 위한 쇼핑은 빼놓지 않는다. 내 취향의 아이템을 따로 구매해서 샘플과 매치해 입는 것도 즐긴다. 패션은 다양하게 시도하는 게 좋기 때문에 브랜드에는 구애받지 않는 편이다. 얼마 전, SNS를 통해 많은 문의를 받았던 옷도 길거리 보세 옷가게에서 산 원피스였다. 보세 옷에 구찌 브로치를 달면 구찌 제품처럼 보이는 것처럼, 어울리지 않을 것 같은 아이템이 착 들어맞는 즐거움은 패션의 묘미다.

해외 직구도 자주 하지만, 의외로 더 빠르게 유행을 잡아내는 곳이 네이버쇼핑이다. 특히 데님 종류는 웬만한 디자이너 브랜드나 명품보다 우리나라가 훨씬 많다. 데님은 유행이 정말 빠르고, 특히 바지 핏이 유행을 많이 타다 보니 입고 있는 스타일만 봐도 나이대를 가늠할 수 있다.

예전에는 프리미엄 진 하나만 있어도 꽤 옷을 잘 입는 것처럼 보였는데, 이제 트렌드의 흐름이 빨라 프리미엄 진이 먹히지 않는 시대가 되었다. 발목이 보이는 나팔바지가 유행했다가 또 길이가 길어졌다가, 다시 통바지로 유행이 바뀌는 등 데님 하나로만 몇 년을 버티기 어렵다. 그래서 데님은 굳이 비싼 명품을 사는 것보다 최신 유행 핏에 맞게 적절한 가격의 제품을 그때마다 사서 입는 게 제일 좋다. 이런 기본 아이템이 오히려 유행에 민감해, 아무리 비싼 제품이라도 트렌드가 지난 핏을 고집하다 보면 굉장히 촌스러워 보일 수 있기 때문이다.

또 해외 명품 브랜드는 기본적으로 봄, 가을에 입기 좋은 두께로 나오는 경우가 많다. 기모가 들어간 겨울용 바지는 찾기

이제, 나라는 브랜드를 완성할 시간

힘들다. 그런데 우리나라는 사계절이 있기 때문에 여름엔 여름에 맞는 옷, 겨울엔 겨울에 맞는 옷을 그때그때 맞춰 입는 게 예쁘다. 그래서 바지는 브랜드에 구애받지 않고 저렴하고 트렌디한 것으로 산다. 개인적으로 40대가 되면서 굽이 높은 구두를 신는 게 힘들어졌다. 힐을 신지 않으면 평소 입는 바지 길이도 짧아지는데, 특히 단화랑 신을 때는 부츠 컷 바지가 예뻐서 즐겨 입는다.

그리고 데님 못지않게 자주 사는 기본템이 있는데 바로 흰색 면티다. 계절을 타지 않으면서 가장 베이직하고 언제 입어도 트렌디해 보이게끔 연출할 수 있는 효자템이랄까? 기본이라고 해서 꼭 무난하게만 입어야 한다는 편견은 버리자. 재킷, 스커트, 점프 슈트, 데님, 스카프 등 어떻게 매치하느냐에 따라 팔색조처럼 새로워질 수 있으니까.

디자이너 브랜드 입문하기

요즘에는 우리나라 디자이너 브랜드 중에도 스타일리시하고 유니크한 아이템이 많다. 나는 홈쇼핑에서 다루는 대중성 있는 스타일에, 내 취향에 맞는 디자이너 브랜드 아이템을 조합하는 것을 좋아한다. 아무래도 디자이너 브랜드는 소량 생산하면서 가격이 높다 보니 장벽이 느껴지는 것도 사실이지만, 디자이너 기반으로 성장한 브랜드의 독특한 아이템들은 구경하는 것만으로도 꽤 재미있기 때문에 둘러볼 것을 권한다. 만약 디자이너 브랜드나 명품에 처음 입문한다면 마음에 드는 티셔츠로 시작하면 여기저기 활용할 수 있기 때문에 추천한다.

디자이너 브랜드는 패션쇼를 하는 데 거의 억 단위로 돈이 들어가다 보니, 홈쇼핑과 연계해 쇼를 지원하고 제품을 판매하는 경우도 종종 있다. 예를 들어, 송지오 디자이너의 제품이나 조성경 디자이너의 카티아조 신발 등은 매장에서 사면 비싸지만 홈쇼핑을 통한다면 좋은 가격에 살 수 있다. 그럴 땐 일반 소비자들도 좀 더 쉽게 디자이너 브랜드를 접할 수 있고, 브랜드 입장에서도 전국구로 마케팅이 되니 이런 타이밍을 노려 접근해보는 것도 하나의 쇼핑 팁이다.

더불어 패션에 관심이 많은 편이라면 브랜드 런칭 때 나오는 첫 번째 아이템은 무조건 사는 것을 추천한다. 그 제품은 브랜드의 명함이나 마찬가지라서 투자비용, 소재, 디자인 등 아낌없이 쏟아부은 것이다. 정말 잘 만든 제품이라고 믿고 살 만하다.

과감한 믹스매치 혹은 미스매치

    나는 다양한 스타일로 입는 것을 선호하는데, 특히 믹스매치해 입는 걸 좋아한다. 커트 헤어에는 캐주얼한 옷만 어울릴 거라고 생각하는 사람들도 있는데, 오히려 드레스를 입으면 더 세련돼 보인다. 원피스를 입었을 때는 힐 대신 운동화를 신어서 포인트를 준다. 사랑스러운 긴 머리에는 오히려 야상 같은 걸 입거나, 보이시한 얼굴이라면 오히려 여성스럽게 입는 등 믹스매치 혹은 미스매치를 시도해보는 것도 의외로 잘 어울린다.

    오버사이즈나 루즈핏으로 어깨라인이 자연스럽게 떨어지는 편안한 옷도 좋아한다. 대학생 때 졸업 사진을 보면 그때도 오버사이즈 아우터를 입고 있는데, 그때는 오버사이즈 옷이 별로 없어서 남자 옷 코너에서 골라 사고는 했다. 성별과 상관없이 내가 좋아하는 스타일을 찾다 보면 선택의 폭이 훨씬 넓어진다.

너무 과하지 않게, 또 너무 단조롭지 않게 균형을 잡는 것도 중요하다. 한때 우리나라에서 은갈치 슈트가 유행을 휩쓸었던 적이 있다. 지나치리만큼 화려한 광을 내뿜는 소재로 광복 이후 우리나라 남성들의 가장 과감한 패션을 볼 수 있었던 시기가 아닌가 싶다. 얼굴에 포인트를 줬다면 옷은 단순하게, 반대로 얼굴이 주는 인상이 약한 편이라면 프린트나 러플이 화려한 옷으로 전체적인 강약의 조화를 줄 수 있도록 매치해보는 것도 팁이다.

색깔도 과감하게 시도해보는 것을 추천한다. 우리나라는 어릴 때 쓰던 12색 색연필만큼 색깔을 보는 스펙트럼이 좁은 편인 것 같다. 또 색깔에 대해서 보수적인 분들도 많다. 물론 많이들 즐기는 톤온톤(동일 색상으로 톤이 다른 배색 상태) 스타일도 안정감 있고 세련돼 보이지만, 그러다 보니 모든 옷이 비슷해 보인다. 전체적으로 세 가지 이상의 색은 쓰지 않되 너무 안전하기만 한 색상에서 벗어나 다양한 색을 활용해 포인트를 주면 예쁜 조합이 정말 많다. 예를 들어, 빨간색 바지는 부담스러워도 빨간색 스커트는 얼마든지 예쁜 코디가 가능하다.

나도 모르게 안주하고 있던 색에 대한 고정관념이 있다면 지금이라도 벗어던지자. "나는 ○○색은 안 어울려."라고 단정 짓는 건 어찌 보면 너무 게으른 일인 셈이다. 나는 브라운은 안 어

이제, 나라는 브랜드를 완성할 시간

울리지만 레드브라운은 어울린다. 쨍한 핑크는 안 어울리지만 물 빠진 듯한 페일 핑크는 어울린다. 하나의 색으로 통칭되더라도 그 안에는 100가지 색상이 있기 때문에 다양한 시도를 해봐야 한다. 특히 코디할 때 애매하면 하의를 블랙이나 화이트로 얼버무리는 경우가 많은데, 쉬운 만큼 진부해 보이기 쉽다. 옅은 퍼플색 블라우스에 화이트 팬츠나 스커트가 아니라 짙은 브라운을 매치한다든지, 레드 컬러 상의에 그레이 컬러의 하의를 매치한다든지 하는 식으로 여러 가지 시도를 하다 보면 저절로 색에 대한 감각이 생긴다.

전체적으로 옷을 무난하게 입었더라도 다크한 오렌지색이나 짙은 수박색 가방을 매치하면 센스 있는 룩이 완성된다. 또 신발과 가방의 색을 맞출 필요도 없다. 나는 일명 '색깔 박치기'라고 하는데, 오늘 입은 옷의 색이 단조로운 편이라면 신발과 가방 색깔을 아예 다르게 매치해도 세련돼 보인다. 안 어울리는 미스매치라고 생각해도 과감하게 시도하다 보면 의외로 나만의 찰떡궁합 룩을 발견할 수 있다.

추천하는 브랜드

① **럭키슈에뜨**Luckychuette: 〈라디오스타〉에 입고 출연했던 세일러 칼라 가디건으로 귀여운 디자인이 많다. 톡톡 튀는 영캐주얼 감성이지만 나이에 구애 없이 입을 수 있는 스타일이 많아 추천한다.

② **칼라거펠트**Karl Lagerfeld: 샤넬 옷을 캐주얼하게 풀어낸 샤넬 디자이너 브랜드로 대중적인 가격에 접근성이 좋다. 나와 잘 맞아 즐겨 입는다.

③ **카티아조**Katiach: 칸에서 화보촬영 때 입었던 원피스. 체형 커버를 할 수 있는 원피스가 많아서 드레스업하고 싶은 날 즐겨 입는다.

④ **MSGM**: 이탈리아 명품 스트리트 패션으로 화려하고 과감한 스타일이 많아 좋아한다. 입을 때마다 기분 전환이 된다.

⑤ **NO.21:** 예능 프로그램 〈비디오스타〉에서 입었던 옷으로 브랜드 문의를 많이 받았다. 대체로 디자인이 독특하고 색깔이 쨍한 편이라 분위기를 화사하게 만들어준다.

WANNABE NOTE

소재보다는 봉제를 보자

소재의 이름이나 비율을 따지기보다 봉제를 자세히 보는 것이 옷을 잘 고르는 팁이다. 봉제는 곧 인건비라서 눈으로 봐도 금방 티가 날 수밖에 없다. 실밥이 없어야 하는 건 당연하고, 단춧구멍이 예쁘게 마감되지 않으면 정말 쉽게 풀어진다. 특히 니트는 봉제가 더욱 중요하다. 그 부분이 툭 튀어나와 있으면 옷의 라인이 매끄럽지 않고 그 부분이 봉 뜨게 된다. 그래서 요즘에는 아예 봉제가 없는 홀가먼트 옷이 인기를 끄는 추세이기도 하다.

뭔가 부족할 땐,
포인트 아이템

    스타일의 완성도를 높여주는 것은 과하지 않은 포인트 아이템이다. 전체적으로 옷이 심심하게 느껴질 때도 액세서리를 하나 걸쳐주는 것만으로 전혀 다른 분위기를 낼 수 있다.

가방

    가방은 실질적인 수납 용도이기도 하지만 패션에 마지막으로 포인트를 주는 데 활용하기 좋은 아이템 중 하나이다. 특히 남성들은 소지품을 가방보다 옷 주머니에 넣는 경우가 많고, 심지어 등산 조끼처럼 주머니가 주렁주렁 달린 상의에 소지품을 넣어 다니는 사람들도 있다. 웬만하면 이제 남성들도 가방에 익숙해졌으면 좋겠다. (옷의 주머니는 뭘 넣으라고 달린 게 아니다!) 요즘은 지드래곤, 엑소, 방탄소년단 등 남자 아이돌이 크기가 작은 여자 핸드백을 메고 다니는 모습을 자주 볼 수 있다. 젠더리스 genderless 패션이 트렌드가 되고 있는 만큼 클러치나 도트백은 남성들이 활용해도 정말 예쁜 포인트가 된다.

주얼리

예전에는 결혼할 때 예물을 세트로 받다 보니 당연히 귀걸이, 목걸이 등을 같이 해야 한다고 생각했다. 하지만 자칫하면 집에 있는 패물을 모두 자랑하려고 주렁주렁 차고 나온 것처럼 보일 수 있으니 조심하자. 사실은 목걸이, 귀걸이, 반지 등을 다 착용하는 건 피하는 게 좋다. 나이가 들면 손 주름을 가리려고 화려하게 액세서리를 하는 경우도 많은데, 반지를 화려하게 했다면 목걸이를 생략하고, 목걸이를 했다면 귀걸이를 생략하는 등 완급 조절이 필요하다. 특히 커다란 커스텀 주얼리를 착용할 때는 다른 건 전부 심플하게 하고 하나로만 포인트를 주는 게 예쁘다. 특히 주얼리는 하이힐을 신을 땐 잘 어울리지만, 운동화와는 어색

할 때가 많다. 그래서 나는 보통 하나씩만 포인트로 활용하거나 화려한 보석이 없어도 심플하고 모던한 느낌을 줄 수 있는 팔찌를 즐기는 편이다.

칼라와 스카프

　나는 세일러 칼라^{sailor collar}가 있는 옷을 좋아한다. 세일러 칼라를 유치원생 옷처럼 생각해서 "제 나이에 유치하지 않을까요?" 하고 걱정하는 분들도 많은데, 이 디자인은 요트의 선원들 옷에서 유래한 것으로, 가장 잘 만드는 곳이 바로 샤넬이다. 그래서 샤넬의 아시아 모델인 블랙핑크의 제니도 팝업 스토어 행사에 큼직한 리본에 세일러 칼라의 트위드 슈트를 입고 등장했던 바 있다. 뒤쪽에 장식이 없는 테일러 칼라가 남성적인 느낌을 준다면 세일러 칼라는 앞뒤가 연결되어 있어 볼륨감을 주는 효과가 있다. 특히 중년 여성들은 나처럼 짧은 머리도 많이들 하시는데, 머리가 짧으면 단조롭고 특히 얇은 여름옷은 심심해 보일 수 있다. 여기에 세일러 칼라는 자칫 초라하고 밋밋해 보일 수 있는 옷에 장식 효과를 준다.
　우리나라에서는 앤디앤뎁 등에서 세일러 칼라 옷이 나오긴 하지만 사실 흔치 않은데, 그 대신 활용하기 좋은 게 바로 스카프다. 스카프는 겨울에 하는 것보다 오히려 여름에 하면 더 빛을 발하는 아이템이다. 면티 한 장만 입는 게 단조로울 때 포인트를 주기에 좋기 때문이다. 또 나이가 들면서 힐보다는 단화나 로퍼, 스니커즈 등을 자주 신게 되는데 그런 패션에는 주얼리가 어울리지 않을 때가 많다. 그 모든 순간에 스카프를 활용해보자.

얼마든지 화려해도 좋다!
패션의 완성은 슈즈

내 몸에 걸치는 것 중 가장 화려한 아이템은 슈즈다. 옷은 편하게 입고 신발에 신경을 많이 쓰는 편이다. 승무원 시절에도, 방송을 하면서도 오랫동안 높은 구두를 신고 서 있는 일을 하다 보니 사실 발이 많이 망가져서 웬만한 구두는 다 불편하게 느껴진다. 그래서 매장에서 신어봤을 때 편하다 싶으면 좀 비싸더라도 사는 아이템이기도 하다. 굽은 거의 5cm 미만으로 고르고, 굽이 얇은 전통 하이힐보다 두껍고 편안한 것으로 선택한다. 방송용으로 직접 디자인을 골라 제작해 신는 구두도 많다. 특히 앞코는 막히고 뒤는 끈으로 된 슬링백 슈즈를 편해서 즐겨 신었는데, 요즘에는 아들에게 스트리트 패션의 영향을 받아서 나이키 조던

시리즈 등 운동화도 좋아하게 되었다.

명품 브랜드 슈즈는 가방에 비해 비교적 쉽게 접근할 수 있다. 가방보다는 훨씬 저렴하기 때문에 흠집이라도 날까 애지중지하지 않아도 되고, 부담스럽지 않게 일상에서 활용하기에 좋다. 최근에는 명품 브랜드에서도 낮은 굽의 신발에 주력해 다양한 디자인을 보여주고 있어서 힐을 못 신는 분들도 매장을 둘러보기를 권한다. 다만 해외 브랜드는 발볼이 좁게 나오는 편이라, 발볼이 넓다면 불편할 수 있다. 명품이라고 무조건 편하고 좋은 것은 아니니 내 발에 맞는지를 꼭 체크하길 바란다. 하이힐을 신기 힘들다고 해서 예쁜 신발 자체를 포기할 필요는 없다. 예쁘고 편한 신발은 얼마든지 있으니, 자유롭게 스타일을 섭렵하다 보면 패션은 더 재미있어질 것이다.

"데미 무어처럼 해주세요!"
나의 쇼트 커트 히스토리

고등학교 때는 어깨 아래까지 머리를 기르고 다녔는데 재수를 시작하면서 처음으로 짧게 머리를 잘랐다. 그때만 해도 다시 수능공부를 한다는 게 엄청난 실패처럼 느껴졌고, 모든 게 싫어진 마음에 과감하게 자른 거였다. 〈사랑과 영혼〉이라는 영화를 본 지 얼마 안 되었던 터라, 이대역 근처에서 제일 잘한다던 은하미용실에 가서 "데미 무어처럼 잘라주세요!" 했더니 미용실 원장님이 몇 번이나 "진짜 잘라요?" 하면서 재차 확인한 기억이 난다.

그 당시 같은 재수학원에 다니던 몇몇 남자아이들이 게스 청바지에 엘레쎄 배낭을 메고 긴 생머리로 다니는 내 모습을 좋아했던 것 같다. 그런데 내가 하루아침에 머리를 싹뚝 자르고 나

이제, 나라는 브랜드를 완성할 시간

타나니 얼굴도 모르는 남자 애들이 와서는 "왜 그러셨어요?" 하
며 툭 튀어나와 울먹이다 도망가고 그랬다. 나보다 주변 사람들
이 더 충격을 받았던 첫 커트였다. 그러고 나서 승무원 땐 연차에
따라 정해진 헤어 스타일이 있어서 그에 맞춰 지내다가, 쇼호스
트가 된 후에 임철우 원장님을 만나 인생 커트를 하게 됐다. 공유,
강동원, 신민아 등 톱스타들을 스타일링하신 분인데, 갈피를 못
잡던 내 헤어 스타일을 찰떡같이 잡아주셔서 15년째 유지해온

쇼트 커트가 내 트레이드 마크가 됐다.

나이가 들수록 손질이 간편하면서도 세련돼 보이는 스타일을 찾게 된다. 사실 쇼트 커트는 은근히 손이 많이 가는 데다가 나는 머리도 빨리 자라는 편이라 3주에 한 번씩은 잘라줘야 하는 게 귀찮긴 하지만, 옷을 대충 걸쳐도 꾸민 듯 안 꾸민 듯 스타일리시해 보인다는 장점이 있다.

나는 숱이 많은 편이라서 전체적으로 숱을 가볍게 조절하고, 전체적으로 날리는 느낌이 들도록 연출한다. 남성 커트가 뒤통수 밑 라인을 일자로 깔끔하게 잘라 목과 경계를 명확하게 하는 것과 달리, 여성 커트는 그 부분을 자연스럽게 연결하는 게 차이점이다. 얼굴의 광대 쪽을 커버해주기 위해서 옆머리도 기장을 어느 정도 남기고 얼굴선이 부드럽게 보이도록 잘라준다. 이런 미디움 쇼트 커트 스타일이 이목구비를 더 또렷해 보이게 하고, 전체적으로 세련된 스타일로 만들어준다.

스타일링할 때 머릿결에 윤기를 주려면 드라이기로 열을 가한 뒤에 헤어 에센스로 마무리해주면 좋다. 흰머리 때문에 염색을 자주 하다 보면 머릿결이 상하기 쉬운데, 요즘에는 귀찮은 걸 조금만 감수하면 머릿결을 지킬 수 있는 좋은 헤어 트리트먼트나 에센스가 많다. 헤어 스프레이 역시 머리카락을 딱딱하게 만드는 하드형이 아니라 살짝 형태만 잡아주면서 영양도 주는 제품이 많으니 취향에 따라 쓰면 된다.

이제, 나라는 브랜드를 완성할 시간

나는 새치도 많지만 직업상 염색을 한두 달에 한 번 정도로 자주 하는 편이다. 원래는 머리카락이 까맣고 두꺼운 편이라 색을 바꾸기에 어려운 모발이었다. 색이 잘 나오려면 탈색을 적어도 네 번은 해야 하는데, 그러면 또 어쩔 수 없이 머릿결이 상하게 된다. 그래서 염색을 포기한 적도 있고, 머릿결을 덜 상하게 한다는 아베다 염색약을 쓰는 미용실을 일부러 찾아가기도 했다. 그러던 중 지금 다니는 미용실에서 최대한 머리카락이 상하지 않도록 1년에 걸쳐 천천히 색을 바꾸면서 지금의 브라운 계열을 유지해오고 있다. 머리색에 따라 피부톤이 더 밝아보이기도 하고 더 칙칙해보이기도 하기 때문에 자신의 얼굴톤에 맞춰 염색을 해보는 것도 나만의 스타일을 찾아가는 하나의 방법이 될 수 있다.

TIP 쇼트 커트 스타일링

① 볼륨을 살리기 위해서는 뿌리만 잡아 드라이해준다. 머리카락 끝까지 펴주면 차분하게 가라앉으며 볼륨이 사라진다.
② 앞머리를 롤로 감아 드라이기로 열을 가해준다.
③ 이마 양쪽 헤어라인 부분은 깔끔하게 잡아 정리해준다.
④ 롤을 풀고 에센스를 머리 뒤에서 앞으로 바르면서 손가락으로 빗어준다.
⑤ 가르마 방향대로 넘기며 앞머리를 자연스럽게 펴트려준다.

※ 유튜브 동가게TV, '동's 시크릿 - 그녀의 숏컷 노하우 2탄' 영상을 참고하세요.

아모스 프로페셔널 익스텐드 웨이브 AMOS Professional Extend Wave

파마를 한 뒤, 컬이 잘 유지되도록 발라주는 컬링 전용 에센스로 머리를 감고 타올로만 말린 후 촉촉한 상태에서 발라주면 된다.

로레알 에르네뜨 샤땡 헤어 스프레이 LOREAL Elnett Satin Hair Spray

스타일링의 마지막 단계에 가볍게 컬을 고정하면서 영양을 주는 에센스 역할도 해서 자주 사용한다.

필리밀리 FILLIMILLI 롤브러시

볼륨 때문에 고민하는 분들에게 추천하는 빗이다. 올리브영에서 쉽게 구매할 수 있고 사이즈도 다양해서 휴대할 수 있다는 장점이 있다. 동그란 부분이 알루미늄 열판이라 드라이기의 열이 잘 전달된다.

"너한테 좋은 냄새 나!"
나만의 인생 향수

　　나를 완성해주는 마무리 스타일링은 언제나 향수다. 향수를 늘 휴대하는 건 승무원 때 생긴 습관이다. 사실 승무원들은 일하느라 땀을 많이 흘리는데, 꽉 막힌 기내에서 승무원이 지나갈 때 좋은 향기가 나도록 향수를 꼭 휴대한다. 또 해외 곳곳을 돌아다니다 보니 자연스럽게 그 나라에서만 살 수 있는 향수에도 관심을 가지게 되었다. 향기는 액체로 된 기억이라고 하던가? 어떤 사람의 이미지를 기억할 때 향기가 가장 인상 깊게 각인되는 때가 많다. 그러니 내가 원하는 이미지와 나에게 어울리는 향을 다양하게 뿌려보고 조합해보는 것도 재미있다.

　　사실 여성들이 화장품 중에서 제일 큰돈을 쓰는 아이템이 바로 향수가 아닌가 싶다. 내가 대학생 때는 랑콤이나 디올 향수가 인기였는데, 요즘에는 향수 브랜드도 다양해지고 특히 마니아층이 좋아하는 니치 향수 계열도 점점 대중화되면서 인기를 끌고 있다. 우리가 처음에는 대중적인 데일리 와인을 마시다가 점점 생산지나 빈티지를 고르게 되는 것처럼 향기 또한 점점 많은 사람들이 자신의 취향에 맞게 꼼꼼히 고르는 것 같다.

외국에 나가서 우리나라에 아직 들어오지 않은 멋진 향수 브랜드를 찾는 것도 하나의 즐거움이 되었다. 작년에는 밀라노 골목길에서 너무 예쁜 향수 매장을 발견해 이끌리듯 들어간 적이 있다. 푸에그아1833 FUEGIA1833이라는 브랜드였는데 셀 수도 없을 만큼 향이 어마어마하게 많았다. 그중에는 아직 우리에게 익숙하지 않아 낯설게 느껴지는 향도 많았는데, 그렇게나 다양한 향을 직접 조제하고 선보이는 공간과 문화가 참 부러웠다. 우리나라에는 편집 숍은 많지만 아직 향수만 전문적으로 다루는 곳이 많지 않은데, 언젠가는 꼭 생겼으면 좋겠다.

한번은 그라스 지방에 있는 프라고나르 벨드뉘 Fragonard Belle de nuit라는 브랜드의 향수 박물관에 간 적이 있다. 그라스는 향수의 시작점이라고도 할 수 있는 곳인데, 사실은 향이 아니라 소가죽으로 마구 같은 걸 만드는 곳이었다고 한다. 그런데 동네에서 피비린내가 너무 심하게 나니까 그 냄새를 없애기 위해서 향을 개발하기 시작했다는 것이다. 그렇게 그라스 지방의 향수가

2019년 프랑스 마르세유 라벤더 밭에서, 보랏빛 향기에 취했던 날.

유명해지면서 비누, 디퓨저, 바디제품 등으로까지 발전하게 된 것이다. 박물관에서 향수의 전통과 역사를 한눈에 볼 수 있었는데, 단순히 향수 자체만이 아니라 브랜드의 스토리를 접할 수 있어 참으로 유익한 시간이었다. 향수는 병 자체가 무겁고 반입 기준도 까다로워서 수입이 어려운데 소개하고 싶은 제품은 많아서 속상할 때가 많다.

　　향수의 진가는 뿌린 직후가 아니라 하루 종일 얼마나 유지되며 다양한 향의 변화를 가져오는지에서 알 수 있다. 시간이 지나도 여전히 좋은 향이 머물고 있는 향수는 오랜 역사와 전통을 가지고 있는 브랜드인 경우가 많다. 그래서 니치 향수 계열은 술로 빗대어 말하자면 마치 코냑과도 같다. 코냑 잔은 궁둥이가 넓적하게 생겨서 그걸 빙 돌렸을 때 흘러내리지 않을 정도로만 조금 따라서 마시는 술이다. 그런데도 한 모금 머금으면 초코 맛도 나고 계피 맛도 나면서 오묘한 향이 입안을 감싼다. 니치 향수의 원액도 그 한 방울에 내가 음미할 수 있는 풍부한 향을 품고 있다. 글에 향기를 담을 수 없어 아쉽지만, 내가 좋아하는 향수를 소개하며 그 향기를 두를 때의 행복한 기분을 전해본다.

도린 도르 DORIN D'OR

캐롤프랑크 대표가 한국에 소개하고 싶다고 제안한 향수 중 하나이다. 여러 시리즈가 있는데 내가 가지고 있는 건 골드 라인으로 용기가 꼭 어금니처럼 생겼다. 아직은 한국에 이 향수를 가지고 있는 사람은 나 하나뿐일 것 같다. 향이 너무 고급스러워서 많은 사람들에게 소개하고 싶은 향수이기도 하다.

조말론 라임바질 앤 만다린 Jo Malone Lime Basil & Mandarin

해외에 나가면 반드시 사와야 하는 향수 중 하나였던 조말론. 지금은 백화점마다 입점되어 있어서 쉽게 구할 수 있다. 특히 라임바질 앤 만다린은 성별에 상관없이 누구나 캐주얼하게 사용할 수 있는 향으로 추천한다.

바이레도 BYREDO

종류가 굉장히 많아 취향에 맞게 향을 고를 수 있다. 향수 라인마다 핸드크림과 바디크림도 있어서 향을 좀 더 깊게 느끼고 싶다면 같이 사용해도 좋다.

결국,
나를 위한 일이다

'자기 관리'라는 말이 어떨 땐 참 어려운 말로 들린다. 못했다 싶으면 괜히 나 자신에게 죄를 지은 것 같기도 하고, 주눅이 들어 오히려 모든 것이 관두고 싶게 만드는 순간도 있다. 그래서 때로는 자기 관리라는 것이 독하고 대단한 사람만 할 수 있는 게 아닌가 하는 생각이 들 때도 있다. 하지만 곰곰이 생각해보면, 결국 그 모든 게 '나를 위한 일'이다. 누구에게 잘 보이기 위해서도 아니고, 연예인들처럼 커리어를 위해 관리해야 하는 것도 아니다. 그저 좀 더 건강하고 아름다운 나의 미래를 위한 준비라고 할 수 있다.

앞서 이야기한 것처럼, 나는 몸도 부실한 데다가 면역력도 약해서 괴로웠던 시절이 있었다. 극복하기 위해 내가 선택한 길은 그래서 포기하는 게 아니라 조금이라도 나아질 수 있도록 끊임없이 방법을 찾고 치열하게 공부하며 관리하는 것이었다. 덕분에 지금은 건강하고 아름다운 몸과 마인드를 가지게 되었다. 나 역시 워킹맘으로 어떤 날은 너무 피곤해서 몸이 땅으로 꺼질 듯한 날도 있다. 그래도 매일 해야 하는 운동은 꼭 챙겨 하고, 피부도 관리하며 내일의 나를 위해 에너지를 재충전한다. 그 누구를 위해서가 아니라 나의 미래를 위해 내가 직접 준비하는 선물이라고 생각한다.

존경하는 한 선배가 이런 말을 했다. 20대에 운동하는 건 30대의 편안함을 위해서이고, 30대에 운동하는 건 40대에 열심히 일하기 위해서라고. 당시 그 이야기를 들었을 때는 썩 와닿지 않았다. 그냥 그런가 보다 하고 흘려들었다. 그런데 한 살 한 살 나이를 먹을수록 너무나 공감되는 말이다. 시간을 되돌릴 수 있다면 그때의 나에게 꿀밤이라도 주면서, 먼저 겪은 인생 선배가 해주는 말이니까 새겨들으라고 혼내주고 싶다. 부디 여러분은 나처럼 이 말의 의미를 놓치지 말고, 그 시절을 경험한 이 언니가 다시 한번 강조하는 말이니 마음속에 꼭꼭 입력해 두었으면 좋겠다. 어릴 때부터 할 수 있는 노력은 미래의 나를 위해 무조건 하는 게 좋다!

타고난 상황이 열악해도 노력만 한다면 많은 것을 바꿀 수 있다. 나는 결핍이라는 단어를 싫어하지만, 한편으로는 결국 내게 정말 필요한 것이라는 생각도 한다. 대부분 자신이 타고난 요소들을 탓하지만, 결핍을 노력으로 소화한다면 결과는 천차만별로 달라진다. 노력이라는 단어가 강요처럼 들릴 수도 있겠지만, 지금의 상황을 바꾸고자 한다면 '가능성'의 또 다른 단어라고 생각해 보자. 게다가 정보도 선택지도 별로 없던 옛 시절과 비교한다면, 지금은 수많은 지름길이 있으니 조금만 노력해도 충분히 좋은 결과에 다다를 수 있다. 지금, 이 순간뿐 아니라 앞으로 살아가는 동안 더 건강하고 아름답게 빛나길 응원한다.

동지현처럼

2020년 9월 14일 초판 1쇄 | 2020년 9월 23일 4쇄 발행

지은이 · 동지현
펴낸이 · 김상현, 최세현 | 경영고문 · 박시형

책임편집 · 김율리 | 기획제안 · 박시형
마케팅 · 양봉호, 양근모, 권금숙, 임지윤, 조히라, 유미정 | 디지털콘텐츠 · 김명래
경영지원 · 김현우, 문경국 | 해외기획 · 우정민, 배혜림 | 국내기획 · 박현조

펴낸곳 · (주)쌤앤파커스 | 출판신고 · 2006년 9월 25일 제406-2006-000210호
주소 · 서울시 마포구 월드컵북로396 누리꿈스퀘어 비즈니스타워 18층
전화 · 02-6712-9800 | 팩스 · 02-6712-9810 | 이메일 · info@smpk.kr

ⓒ동지현(저작권자와 맺은 특약에 따라 검인을 생략합니다)
ISBN 979-11-6534-218-0 (13590)

쌤앤파커스(Sam&Parkers)는 독자 여러분의 책에 관한 아이디어와 원고 투고를 설레는 마음으로 기다리고 있습니다. 책으로 엮기를 원하는 아이디어가 있으신 분은 이메일 book@smpk.kr로 간단한 개요와 취지, 연락처 등을 보내주세요. 머뭇거리지 말고 문을 두드리세요. 길이 열립니다.